{幸福女人三部曲之——**懂财**}

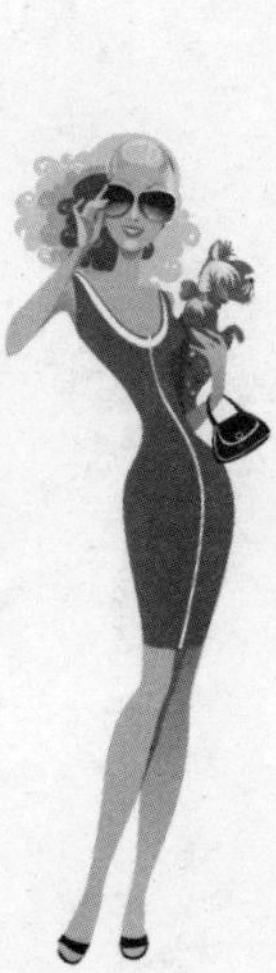

才女变财女

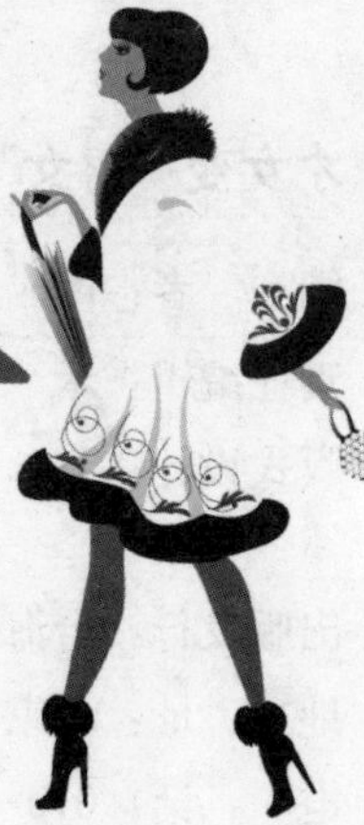

邓琼芳◎编著

台海出版社

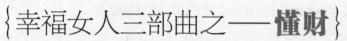

图书在版编目（CIP）数据

才女变“财女” / 博锋编著. —北京：台海出版社，2011.2

ISBN 978-7-80141-762-6

Ⅰ.①才… Ⅱ.①博… Ⅲ.①女性－财务管理－通俗读物 Ⅳ.①TS976.15-49

中国版本图书馆CIP数据核字（2010）第262663号

才女变“财女”

编　　者：博　锋

责任编辑：禾　月　　　　装帧设计：百丰设计

版式设计：飞鸟书装　　　　责任印制：蔡　旭

出版发行：台海出版社

地　　址：北京市景山东街20号　　邮政编码：100009

电　　话：010－64041652（发行，邮购）

传　　真：010－84045799（总编室）

网　　址：www.taimeng.org.cn/thcbs/default.htm

E-mail：thcbs@126.com

经　　销：全国各地新华书店

印　　刷：北京潮河印刷有限公司

本书如有破损、缺页、装订错误，请与本社联系调换

开　　本：710×1000 mm　1/16

字　　数：180千字　　　　印　　张：18

版　　次：2011年2月第1版　　　　印　　次：2012年12月第2次印刷

书　　号：ISBN 978-7-80141-762-6

定　　价：32.00元

Foreword 前言

这是一个独立“她”时代，“她”已经从过去的持家主妇演变为当代的社会才女，所扮演的社会角色与以前相比也是天壤之别，“她”的战场已不在卧室和厨房，而在自己的“私人银行”！因为“她”深谙：只有在财务上获得独立，才是真正的独立！有强大的财力支持，才能活出属于自己的美丽，才能让生命更精彩！

这是一个创富“她”时代，要想从才女变为“财女”，完全可以靠自己，也只有靠自己来得最实在。越早开始自己的创富之路，胜算的筹码也就越大！可以到职场中去“掘金”，也可以到商海中去“捞财”，但一定要动用自身的才能与智慧。

这是一个理财“她”时代，会赚钱，但不一定会成为“财女”。要想从才女演变为“财女”，理财投资很重要。与简单的“管钱”相比，聪明的才女还需要做好财富的保值、增值。只有及早地做好理财规划，才能让自己活得更轻松、自在、无忧！

这是一个消费“她”时代，有钱，但不意味着可以奢侈！要想从才女变为“财女”，要尽量控制冲动消费。否则，才女也就不可爱了，“财女”也将不会再是“财女”了！过度的消费只会使你忧心忡忡、伤痕累累！

要想从才女变为“财女”，也要从节省开始，财富是一个由小到大的

过程。真正的“财女”会将每一分钱花在刀刃上，“有钱，但不意味着可以奢侈”是她们的聚富心态，“点点滴滴都是财”是她们恪守的聚富准则！

此外，要想从才女变为“财女”，还需有“从才女摇身成为‘财女’”的自信；有“女人要有钱，尊严就能在眼前！”的勇气；要有“贫女当自强”的创富决心；有“努力向‘钱’冲”的劲头……

本书以轻松、活泼的语言告诫现代才女：一定要提高自己的创富能力，为自己的创富之路做好打算。以实用、简洁的内容告诉才女如何去聚财，如何去创财，如何去理财，为才女们铺就了一条创富之路；以精辟的理论与幽默、风趣的事例，将深奥的理财知识转化为切实可行的行动指南，能让才女们能够切实感受到创富之路的轻松与快乐；读完这本书，你就会对自己内心深处的财富之梦做出承诺，会让你从才女演变为“财女”的过程中一帆风顺，会让你在拥有美丽的同时还能拥有财富、幸福与快乐！

衷心祝愿那些想成为“财女”的才女们尽快地拥有财富，也希望她们的创富之路一帆风顺！

目录
Contents

Part 1：才女我最大，有钱当自强

女人不需要像男人那样强大、有气魄，但是女人必须得是一个强者，用自己的智慧去赢得属于自己的财富。只有这样的女人才能获得实实在在的安全感，才能获得真正的独立人格，才是真正强大的女人。

Part 2：少了财识，只能与“财女”说 Bye-Bye

要想成为“财女”，首先要具有丰富的财富知识。你的财识有多少，直接就决定了你是否能利用好手中拥有的财富，是否能完成你的财富计划。它是一种无形的力量，直接指导着人们的创富行为。要创富首先就要重视这种力量，可以让你的财富之路走得更顺畅。

Part 3：瞧，小才女的大“钱途”在这儿

要成为“财女”，就要学会赚钱，而才女赚钱的渠道无非两种：工作与创业。只要才女肯开动自己的智慧，善于抓住有利的机会，善于挖掘自身的优势，就能点亮自己的财富梦想，就能找到自己的大“钱途”。

Part 4：打造全方位“富婆理财计划”

一个人的收入主要源于两个方面：一方面自己的收入，另一方面是理财的收入。你收入再高，不一定会成为“财女”，还要学会理财。不会理财的女人即便是拥有再多的财富也会将之挥霍一空，到头来还要为衣食忧愁。所以，会理财是通往财富之路的必要条件。才女们如果想尽早演变为“财女”，那就尽快学会理财吧！

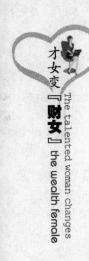

Part 5：魔鬼省钱法，幸福一辈子

要创富，不仅仅要会赚钱，会存钱，还要学会省钱，因为省下的钱就等于是你赚到的。但省钱不仅仅是让才女们如何去节省钱，还要学会如何去花钱。能省钱，会花钱的女人才能切实地感受到生活的乐趣，更能感受到赚钱是一件有意义的事情。

才女我最大，有钱当自强 Part 1

女人不需要像男人那样强大、有气魄，但是女人必须得是一个强者，用自己的智慧去赢得属于自己的财富。只有这样的女人才能获得实实在在的安全感，才能获得真正的独立人格，才是真正的强大的女人。

第一章 有“财”的才女更幸福

每个女人都是一朵娇弱的花朵，需要幸福的雨露来灌溉的。但是幸福的雨露不是源于爱情和婚姻，而是源于财富。财富可以帮助你实现完全的人格独立，可以让你过上随心都所欲的生活，可以让你实现理想，可以让你主宰自己的命运……如果没有了财富，一切都会变得虚幻，你也就与幸福无缘了。

谁能给你安全感？ 经济独立

“刚上大学时，父亲的事业开始走下坡路，记得在刚离家去上学时，每个月伸手向父母拿生活费的感觉非常难受，那时满脑子都是赶快去工作去赚钱的想法。靠自己的勤奋努力，终于顺利毕业了。但是，毕业后，还没参加工作就与相恋多年的男友结了婚。在结婚后的第二年生下了女儿，以为自己可以独立了，却未想到两年后丈夫因为祸离开人世，我只好自己扛下房贷与养育女儿的责任。在之后的岁月中，我要为父母的医药费担忧，又要为自己和女儿的生活担忧……上帝为什么总是和我开玩笑……”

露西自嘲自己绝对称得上是最倒霉的女人，因为在人生的每个重要“关口”，她都深刻地体味到了“靠山山倒，靠人人倒”的人生悲哀。这种悲哀源于她经济的不独立，换句话说，她没有足够的金钱去解决生活中的难题。可能有人会说，哪个女人会像她这么倒霉，但是，生活是无常的，每个女人尽管不可能都会像露西这么倒霉，但意外随时都有可能发生。因此，对于那些依赖成性的女人们，是否也应该思考一下，如果有一天你的生命发生意外状况，自己是否有自给自足的能力？因为在漫长的生命历程中，总会有必须要靠自己想办法过日子的一天。

有些女人会说，我们生活在男权社会中，自己再有才，去努力、去争取获得了成功，别人也会认为那只不过是男人看面子对我们稍微做出的让步而已。绝大多数的情况下，还是要栖息在男人的羽翼下，那里才是最安全的。

如果你也这样说，那你就不得不要为自己以后的安全考虑一下了。男人的羽翼固然能够为你遮风避雨，但是，我们且不说那张羽翼是否会发生一些不可抗拒的意外，假如他们的羽翼张开后，下面又多了一个被保护者，或者干脆将你换掉，你该怎么办？难道就甘愿蹲在他的身旁，祈求他能将一些剩余的热量施舍给你？你可别忘了，可怜的人是不会轻易就能得到别人的真正同情的。唯有自己坚强地站起来，才能够为自己赢得足够的尊严，获得别人的尊敬与帮助。这时候能够使你从这种不幸中站起来的，只有金钱。也就是说，唯有经济独立才可以让你获得最大的安全筹码，才能让你拥有真正独立的人格。

俗话说“做得好，不如嫁得好”。有很多女性将婚姻当成自己的依靠，但是她们忽略了一点：经济不独立的女性，就算自己的家人或另一半再怎么有钱，心里也会隐隐地有种不安全感，毕竟伸手向别人要钱的滋味是不好受的。

很多人都羡慕蕾蕾，认为她一毕业就能够嫁给一个有钱的老公是一种绝对的幸运。刚开始蕾蕾也这么认为，她想，婚姻是女人一生最重要的事情，只要嫁给了有钱人，也就握住了人生的一半幸福。

结婚后，蕾蕾过上了富家太太的生活，尽管她有绝对的能力养活起自己，但是她却放弃了出去工作的机会。她想："老公的收入足可以让自己一辈子衣食无忧了，自己何必再出去为了那一点点'微薄'的工资而辛苦奔波呢?"但是，这种令人羡慕的家庭主妇生活，却因为自己平时有限的零用钱而让蕾蕾顿生厌倦。

老公虽然有钱，但是对钱管理得很严，见她天天在家闲着，也从来不会主动给她零用钱花，除非蕾蕾主动向他伸手要。蕾蕾的老公始终认为自己的每一分钱都是辛辛苦苦打拼出来的，他并不赞成蕾蕾动辄就去商场买一件几千块钱的大衣，认为这是一种浪费、挥霍的行为。对老公的这种行为，蕾蕾很是不满，她常常埋怨老公是个"守财奴""小气鬼"，于是家庭矛盾便产生了，两人经常会为了家庭开支的问题争论不休，直至大吵大闹。

蕾蕾的婆婆得了重病，老公想让蕾蕾去伺候婆婆，替自己尽尽孝道。可蕾蕾认为老公不愿意主动给自己钱花是不爱自己的表现，建议去为婆婆请个保姆。这下可惹怒了老公，两人又一次大吵了起来，矛盾立刻升级。这时，蕾蕾明显地感觉到，他们的婚姻出现了裂痕，她没想到，自己原本憧憬的美好富足的生活竟然因为金钱而变了质……

拿人钱财，替人消灾。在婚姻生活中，不管你处于怎样的地位，当你伸手向你的另一半要钱时，你们的爱情、婚姻生活也就无快乐而言了。你拿了你丈夫的钱，就必定会在某些方面受制于他。当你受制于他时，你就必定要去做一些自己不情愿但必须要去做的事情，那么，不安全感便会充斥于你的生活当中。

更何况，在现代社会中，婚姻充满了许多变数，尽管你是个十足的才女，但其中的一些"内乱"与纷争，难免也会让你觉得泄气与心寒。你对婚姻寄予的期望越高，所遭受的伤害也会越深。所以，那些个性十足的才女们也应该清醒地意识到：依靠婚姻已经是现代社会最不安全的生存方式了。

此外，女性在婚姻中所承担的生存风险不仅仅是婚姻破裂后的生活问题，还有更为严重的住房、医疗、养老问题。试想一下，连温饱生计都成问题，何去顾及其他一系列的生存隐患问题？

所以，现代女性应该变得理性起来，特别是那些有赚钱能力的才女们，不要只凭自己一时的懒惰与矫情就随便将自己的全部托付给男友与现实的婚姻，而是应该勇敢地从处处受限的温室中站出来，将自己托付给更为实际的金钱，唯有经济方面的独立才能让你获得切实的安全感！

从此不再为钱伤悲

“我已经买了一份报纸，你怎么又买一份？”

“不就1块钱吗？”

“1块钱就不是钱啊？”

“我忘了嘛！为了1块钱，你至于吗？”

……

结婚后，爱兰和丈夫总是因为一点儿小钱而这样吵闹。仔细想想，这也不是爱兰一家的专利。如果细心观察就会发现，类似这样的对话充斥在生活的每一个角落。很多原本恩爱的夫妻，因为经济条件不佳，在柴米油盐的琐碎生活里上演了“贫贱夫妻百事哀”的一幕。那些浪漫的风花雪月恍如隔世，那些甜言蜜语也被“钱”改造成了唠唠叨叨。

可是，生活中有一些人，只要提起钱就会觉得俗。特别是对于女人，如果哪个女人表现出对钱的热爱，就会被认为是势力。对于这种对钱存有偏见的人，只要当面问她一个问题，就能让她闭嘴：“离了钱，谁能活下去？”不管她多么有才华，多么清高，没有钱也无法过得舒心，毕竟才华是不能当饭吃，更不能切实地提高你的生活质量。我们暂不说有了钱的生活质量如何，最起码不会为生活的必需品发愁，更不会因为5毛钱、1块钱唠叨一整天。

生活是现实的，它是由一个个我们必须面对的细节构成的，吃饭、穿衣、住房、教育子女、赡养老人、退休养老……这里面不包括娱乐，没有休闲和怡情，更没有浪漫，这些都是组成生活的最基本和必需的元素，没有钱，空有才的话，你如何去完成其中任何一件事情？

某名牌大学经济管理系毕业的乔丽可以算得上是一位才女，但是，毕业后，她并未充分到社会中去发挥她的才能，只是在家过着“得过且过”的日子。她对未来没什么打算，也不敢打算。

结婚后，她只是与丈夫一同开了家副食店，虽然生意还不错，但生活却没有像生意那么好。孩子一天天长大，花钱的地方越来越多；家里的老人年纪越来越大，每年的医疗保健费就像一座大山，压得乔丽夫妻喘不过气。乔丽曾经算了一笔账，不算娱乐和休闲，这辈子最基本的花销就需要两三百万。

两三百万？你没听错，就是这个数目。现在你还敢自命清高地说“钱不要太多，够用就行”吗？如果仅仅追求维持温饱，那么这样的生活必定不会太精彩，浪漫温馨就更不用提了。对于一个女人尤其对一个才女而言，如果生命中没有温馨和浪漫，活着还有什么意思？无异于耗费生命。都说女人如花，一朵花若是没有了阳光雨露的沐浴，势必会褪色、枯萎，而生活中的“阳光雨露”都是用钱换来的。

有人又说了，有才的女人往往是比较清高的，能够滋润才女的应该是爱情吧。好吧！就当它们是爱情，可你知道爱情的保质期吗？告诉你只有18~30个月，这不是危言耸听，而是有科学依据的。当爱情变成亲情之后，如果你仅有才而没有钱，试问：你该怎么办？

一对酷爱写作“才男才女”的人因为一次偶然的机会相识了，他们一见钟情。一年之后，在家人的反对声中，他们毅然地选择了结婚。他们相信爱情能够战胜一切，他们不怕贫穷，在外面租了一间便宜的房子，依靠写作为生。一年之后，他们的孩子也出生了。

现实的婚姻生活是琐碎的，平淡的。那些原本温馨甜蜜的日子，开始渐渐地平庸起来，吃饭、交房租、水电费、为孩子买奶粉等日常开销常使他们应接不暇，捉襟见肘。他们有限的生活费用是固定的，几乎每分钱都得计划着花。为了节约开支，他们每天不是吃蛋炒饭，就是吃清汤面，一盘青菜炒肉丝就算是改善生活了。他们就不再以清贫为乐，以简陋为美了，遇到下雨天，看着漏雨的房子，再也没有了隔窗观雨的闲情雅致。

一天，他们在埋头写作时听到了窗外卖桃子的吆喝声。丈夫想要买几个桃子，而妻子却不让，两个人你一言我一语的吵了起来，妻子一气之下回了娘家。

几天以后，小偷又将家中剩余的家当洗劫一空，他们的小屋显得更为空荡了。为了赚钱，丈夫和别人去赌钱，结果把家里的生活费、儿子的奶粉钱都输得精光。看到丈夫堕落的样子，妻子无奈，她只有更加勤奋的写作。可是这一切仍然无法改变他们的生活，最后他们还是离婚了。年轻的妻子带着孩子过得孤苦伶仃、心力交瘁。

两个原本相爱的人，被贫穷无情地拉开了，这就是金钱的力量。金钱不仅能给我们带来物质上的保障，更能给我们带来精神上的满足。几乎所有的妙龄才女都曾幻想过婚后美好的二人世界，但她们也该明白，美好的爱情也得靠物质做基础，否则的话一样会坍塌。婚后的二人世界再诗情画意，也会被贫穷这个刺客扼杀。贫穷不仅会给相爱的人带来物质上的匮乏，生活上的窘迫，还会给他们带来精神和情感上的伤害。

反过来说，如果你能够将你的“才”转化为“财”，成为一个富有的才女，那就不同了。你可以自如地应付生活的必需开销，你永远不必为了一日三餐和柴米油盐愁眉不展，也不用担心凑不齐孩子的学费，更不用为了省钱而放弃去餐馆，放弃自己心仪的衣服，不敢买高档化妆品，拒绝去旅行……你可以把家布置得非常漂亮，也可以让孩子接受最好的教育，让生病的父母去最好的医院进行治疗。

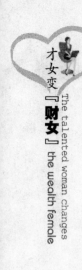

现在的你还觉得“钱”很俗吗？是不是也开始觉得做个富有的才女真的很好，至少不用为钱伤悲了？没错，事实就是这样！

有钱才能更靠近理想

“等我有了钱，我要让含辛茹苦的父母搬到城里来住洋房，享清福，到最好的医院去做治疗；等我有了钱，我要买个漂亮的大房子，与爱人和孩子一起把家里布置得温馨、舒适；等我有了钱，我要去实现我的作家梦，不会再为了‘五斗米’让自己委曲求全于这化工厂中；等我有了钱，我要天天去美容院、美体中心，让脸蛋变得光滑细腻，让身材变得苗条诱人；等我有了钱，我要去实现我的旅游梦想，去欧洲，去夏威夷，去新加坡，去实现我的美国梦；等我有了钱，我要去满足我的购物瘾，不必为了买一件‘地摊货’与售货员争得面红耳赤，被人看做是穷鬼；等我有了钱，想吃什么，就去买什么，不必为了几毛钱在菜市场与小商贩争吵，被人骂做粗妇；等我有了钱，我可以趾高气扬地走进星巴克和上岛，不必在门前徘徊不前，为了要喝哪款更便宜的咖啡与丈夫发生争执……”

这是玛丽在和朋友聊天时的一番调侃，她的话不仅道出了她自己理想中的美好生活，也道出了成千上万与她一样还没有成为“财女”的姐妹们的心声。不过，想要实现住洋房、出国旅游、经常美容、不为吃穿住用发愁，前提就是“有钱”，如果没有钱，所有的生活理想都是阳光底下的泡沫，虽然看上去五光十色，可迟早会悄无声息地化为泡影。

钱，对每个人都是不可缺少的，这一点无可厚非。“薪”一代的才女们可以为了钱去做自己不喜欢的工作，可以为了钱违心地迎合别人，可以为了钱去忍辱负重……这样做的直接目的都是为了得到钱。因为有了钱才有资格去谈理想，才有资本去实现理想，否则，别人就会说她是“痴人说梦”，甚至会嘲笑她“山鸡也想变凤凰”。

今年刚从某大学文学系毕业的林娜在某小企业就职，她最大的生活理想就是能够每半年就可以去一个不同的国家感受一下异国的风情。她经常幻想：“如果能有一台精巧的手提电脑，随时可以与亲友取得联系该多好？如果经常在太阳伞下畅饮一杯香浓可口的咖啡，在SPA美容会所享受舒适的护肤运动，生活该多么惬意？如果清脆的手机短信铃声在自己漂亮时尚的LV包包中响起，旁人看着将会多么的眼红……若是每年能够到热带岛屿与心旷神怡的美景融为一体，将是何等的美妙？”

在上午的工作中，她依旧这样的幻想着，一边左手托着下巴，右手握着鼠标，眼睛却盯着其他的地方在幻想自己未来的美好蓝图。这时候，“啪”的一声惊醒了她的美梦，一摞文件摔在她的桌子上。

“天啊！我怎么又做起这种白日梦来了。经理在旁边拿着资料可能已经站了良久了，我都没发现！完了，这次可能又要挨训了……”林娜被残酷的现实吓得惊魂落魄，经理警告她，再这么神不守舍的以后就别来上班了！

她开始慨叹刚才脑中的一切美景与惬意的享受只是自己勾画出的一场梦！因为她只是一个只能解决自身温饱问题的小职员而已，这种奢侈的旅行计划不知道何时才能实现！

谁能帮林娜实现这些理想？天天坐在办公室里畅想肯定是不行的，能够帮她解决问题的只有一个字：钱！不管是她自己的钱，还是以后遇到了一个经济实力颇为雄厚的老公，但实际能帮她完成理想的最终都得归结到钱上。没错，钱是个好东西，是每个人都喜欢的好东西。别整天说自己的理想多么远大，多么美好，没有钱的话，多小的理想都只是个泡泡。同样是女人，我们不妨看看莉莉是怎么实现她的理想的，或许在她身上你会看到自己的影子，或许她的经历也能够给你对未来的计划提供帮助。

莉莉从学校刚毕业就只身去了广州打工，她去广州打工纯粹是为了赚钱。她的理想就是将来毕业后能够专心地搞自己的文学创作，但照现在的情形来看，一个连大学的学费都交不起的人，在家专心创作根本不可能，毕竟作家也是饮食男女，得靠吃饭活着！

对于她的决定，很多朋友都很不解："你那么喜欢写小说，为何要放弃自己的理想去做自己不喜欢的事呢？精神比物质要重要，你刚毕业就这么庸俗，将来怎么能够写出好的作品来呢？"

莉莉说："我现在还欠着学校一年的学费呢！基本的生存问题都没解决好，我能安心去搞文学创作吗？我总不能天天饿着肚子去写小说，向别人宣扬精神比物质重要！虽然，大多数人可能认为我的想法很庸俗，可摆在我面前最现实的问题就是：我得生活。金钱和远大的理想无法相提并论，但是金钱在实现理想的过程中必不可少，有了钱我才能更快地靠近理想。"

为了自己的理想，莉莉在广州待了几年。起初，她只是在服装厂做设计，因为她的勤奋和处事圆滑，两年后就成了厂里的中层干部。在积累了大量的人脉资源后，她毅然离开了这家服装厂，在朋友的帮助下开了家服装店，生意很不错。一年之后，她就赚到了比当中层管理者多两倍的钱，有了经济基础的她也终于可以安心地搞自己的创作了！她让在家务工的妹妹和表妹到广州帮她照看生意，只身一人在家搞创作。如今，她在文学界已经小有名气了。

不懂文学的人可能会将写作视为一种精神产物，实际上好的作品都源自真实的生活体验，而且现在真正靠文学创作养家糊口的人太少了，莉莉是个明智的才女，她知道搞文学创作也是需要生活基础，一个连电影院都没去过、没钱做美容、没看过明星演唱会、没独自旅行的女孩，如何写出时尚前卫、底蕴十足的小说呢？她总不能完全靠自己想象吧？自己的身上还背着债，为了房租担忧，怎么可能静下心来写小说？或许，好不容易有了灵感，刚一下笔，就被房东催缴房租的敲门声吓没了！还是那句话，钱固然不是万能的，但是没有钱却是万万不能的，如果口袋瘪瘪的去追求理想，除非你有“长征”的毅力，但过程的艰辛也只能自己体味。

“薪”一代的才女们要知道，金钱是实现一切理想的前提与基础，它是满足你欲望的极其奇怪的东西。同时，它也具有十分强大的改造能力，能帮助我们改变某方面的不足之处，然后帮我们实现自己心中的理想，甚至是梦想！所以，从现在开始，你就要规划一下自己实现理想的方式，然后一步一步地去做。为了不让自己泄气，别忘了经常给自己打打气：

我要有钱，因为钱可以让我吃喝无忧，可以让我快乐地生存下去；

我要有钱，因为钱可以让我光鲜体面，可以让我切实地感受到安全；

我要有钱，因为我不想成为失败者！

我要有钱，因为我也有理想，它可以使我更靠近理想！

我要有钱，因为它可以让我美梦成真！

工作 VS 金钱， 幸福指数节节高

“哦，我已经无法忍受这种生活了！”

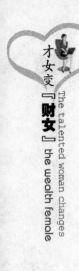

"发生了什么事情吗？又与丈夫发生矛盾了吗？"

"别提了，我当初为了好好照顾他，为了这个家把那么好的工作都辞了，可他还不满足……说我在家只会带孩子，不修边幅。你说，每个月只给我维持家用的基本费用，我哪有钱去逛商场买衣服打扮自己吗！还说我思想狭隘，和我没法交流……当初我在职场身居要职的时候，也算是白领丽人，整天穿梭于精英人流中，是多么的风光呀！那时候，他对我是极其体贴的，可现在……"

洛伊无法再说下去了，她对自己当初辞职的事情显然已经后悔到了极点。是的，洛伊所处的境地是极其悲惨的。她本来有一份很好的工作，但是为了丈夫、孩子，为了那个家，她辞去了工作，到最后她的一切辛劳换来的却是丈夫尖刻的埋怨和讽刺。丈夫说她只会带孩子，不修边幅，说她思想狭隘，这一切都是因为她失去了自己的工作，没有稳定的经济收入造成的。

我们可以试想一下，假如洛伊在职场中身居要职，有十分可观稳定的收入，她的生活是什么样子？多数情况下一定是这样的：她每天将自己打扮得漂漂亮亮，穿梭于精英人流中，体味着工作带给她的快乐，回到家后会受到老公优厚的待遇。洛伊如果能选择这样的生活，她一定是幸福的，这种幸福感除了她自己也是其他任何人都给不了的。

这时，或许有人会说，上班固然能给自己带来稳定的经济收入，能让自己有成就感，但是上班也是极其辛苦的事情。我自己有个好老公，他从来不会像洛伊的丈夫那样对我说出那样的话，说让我过得幸福是他的责任，如果我能在家照顾孩子，是对他工作的支持，在家他一样可以让我过得幸福的。

是呀，这样的老公说出的话好似蜜糖罐，甜不死人，也能把人美死。可我还是劝你清醒一点，这些甜的东西吃多了有副作用，久而久之就会不利于身体健康。如果你没有了工作，你就没有了经济来源，要靠丈夫的收入来维持家里的开支与你自己的花销。当他将钱放到你手上时，你一定会觉得他像是在施舍一个乞丐一样，这时你就在他面前失去了尊严，为了维持自己的尊严你再也不好意思跟他要钱，宁愿自己省着花。久而久之，你自然就会养成一种极其拮据的生活习惯，他给的钱刚好能维持家里的开销，你拿什么去买化妆品，去买漂亮的衣服呢，你的边幅如何能修得起来呢？

再说了，安心在家照顾孩子，你的思想，你的品位，你的见识，你的胆识，是否会随着孩子的成长而有所上升呢？当然不会。也就是说，如果你没有工作就表示你终止了个人思想上的前进，因为一个与外界脱离社会关系的女人就好似一只脱了壳的蜗牛。

可能会有女人说，女人的幸福与自己的思想能扯上什么关系呢？是的，幸福的生活看似与女人的思想扯不上关系，可是一个整天居家的女人，思想上从来没有更新，丈夫又该拿什么来与你交流呢？我想没有一个男人会永远热衷与自己的太太没完没了地谈论一些柴米油盐的琐事吧！这样一来，在你的丈夫面前，你失去了起码的尊严，失去了支配经济的自主权，变得不自信，不漂亮，再加上思想的匮乏，他对你产生厌烦是再正常不过的事情了，这和洛伊的生活状态有区别吗？在这样的状态中你能体味到丝毫的幸福吗？

相反，如果你有一份好的工作，你的思想也就不会处于封闭状态，你与老公可能有永远聊不完的新鲜话题；你有极其稳定的收入，你不必向你的丈夫伸手要钱，你可以随心所欲地购买自己喜欢的东西，将自己打扮得漂漂亮亮的，受到周围人的欢迎；你经常穿越在精英人群之中，用你的才干去获得上司的赏识，去取得下属的仰慕与敬佩；回到家中，你的丈夫又会因你的聪明与漂亮对你体贴备至……你的幸福指数会节节攀高的！

安妮与丈夫刚结婚，就立马辞掉那份很不错的工作回家，开始相夫教子的生活。

丈夫开了一家贸易公司，生意很不错，安妮辞去工作后，家里的开销与安妮平时的花销都由丈夫一个人承担。但是拿着丈夫的钱，安妮自然觉得很拘束，她完全不能像以前那样随性购物了，她的生活有时候也会处于十分困窘的状态。

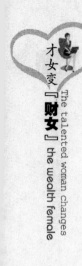

在生孩子之前，安妮每天除了在家做家务外，也没什么事情。开始她还庆幸自己终于逃离了职场劳苦的生活，可以放松心情尽情地享受生活，但是，一个月后，她就厌倦了这种无所事事的无聊生活，经常陷入焦虑之中。

一年以后，他们又有了可爱的宝宝，安妮更是要单纯地留在家中相夫教子。但是，这时候她发现她与丈夫之间已经无共同的话题可交流了，丈夫对她谈论的孩子的话题极不感兴趣，他有自己的事情要思考。安妮有时候会主动凑过去与丈夫搭话，丈夫会对她说："你不懂"，而且语气中还带着令人不安的极不耐烦。

安妮最后终于明白了，是当初她对丈夫的退让造成了自己今天的处境。她不想再将这种生活维持下去。在孩子三个月的时候，她毅然回到了职场，用自己的所学所长感受着原本属于她的幸福生活。

在工作之余，她也有足够的经济能力去美容、购物，她可以随心所欲地满足自己的旅行梦想。她说："我宁愿将自己辛苦赚来的钱用来雇用保姆，也不愿意放弃工作，让自己闲置在家。因为拥有了一份属于自己的工作，也就拥有了一片属于自己能力发挥的空间，也就拥有了与丈夫能够平起平坐的经济资格。"

安妮是属于那种大大咧咧的女人，她总是将她对工作的这份忙碌看做是一种充实，在工作中，她的心态是平和的，心情也是愉悦的，也找到了属于自己的幸福。

辞去工作后，在家相夫教子的安妮是不幸福的，她的经济受限，她的思想处于封闭的状态，她的生活处于无聊的状态，她与丈夫之间在无形之中隔了一层不可逾越的鸿沟。然而，工作后的她是极其幸福的，她能体味

到工作带给她的愉悦感，她有足够的金钱可以为自己赢得尊严，赢得经济方面的满足感。因此，她有资格告诉我们什么是幸福，什么才能影响到才女的幸福指数。

安妮的转变过程给那些准备或已经辞职回家做全职太太的才女们一个这样的警示：你辞掉工作，就意味着你失去金钱，也就意味着你对社会缴械投降，也就意味着你在静等自己被社会和丈夫所淘汰。在这样的事实面前，“薪”才女们一定不要丢掉你的工作，即使家里的经济条件再好，也不要让自己处于闲置的状态，这样才不至于让自己的思想变得闭塞，才不会让自己处于无所事事的无聊的生活状态中，才不会让自己的经济陷入极其窘迫的状态，才不会让你的丈夫冷落你，轻视你！

告别“没钱，没时间”的生活

“哦，亲爱的贝琳，这两周你到哪里去了？整个人看起来容光焕发的……”

“我去夏威夷度假了，那里的风景好得不得了！本来打算只待一周，可我实在不舍得回来，为此我把几个客户约谈都延期了。露丝，有空你也去看看吧！”

“我可没你那份闲情逸致，我的工作不能让我空闲一天时间，我的日程被安排得满满的。你知道我的经济状况的，如果我出去旅游，我不仅要花掉我下一个月的生活费，而且两周又没有收入，我的生活会很难过的……”

很多人都会羡慕贝琳，她能够去美丽的夏威夷度假，而且想多待一周就多待一周，同时我们可能又会为露丝的生活感叹，她做着一份繁忙的工作，还要考虑旅行的开销，正应了那句话“没钱，没时间”。两种截然不同的生活，真实地演绎了有钱和没钱的差距！看到这里，你可能会有些黯然神伤：露丝的处境不就是我的生活写照吗？每天必须得工作，否则的话就没有收入，生计就会出现问题，唉！

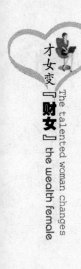

其实，生活中大部分的“薪”族才女都有过和露丝一样的感受：不能随心所欲地在自己喜欢的地方多待一天，不能在家里多陪陪父母，除了双休日或法定的节假日外，不能自由地安排自己的时间。为什么呢？因为没有钱！没钱就只能在生活面前低头，出卖自己的时间和自由维持现有的生活。

也许有人会说，我自己天天不用上班，也没有钱，但我也是自由和独立的呀？要知道，这种所谓的闲，是迫不得已的闲，而不是有钱人所谓的全身心的闲。不工作，没有钱，当生活遇到了大麻烦，你就会愁眉苦脸、提心吊胆，这样的闲恐怕没有人会羡慕。毕竟，谁也不愿意每天为了一日三餐发愁，更不可能心安理得地在家里闲居一个星期。闲上一天，也许就要挨饿一天。

相反，那些拥有足够多的钱，并且能不为钱所累的女人才有可能真正做到“有闲”，因为有了钱以后，就不必再会为一天会被扣多少薪水而发愁，也不用担心几天不去上班，自己的生计会出现什么问题。如此一来，闲暇时间自然就会多起来，而且人的心情也会随性清闲起来。拥有了这“双闲“后，你也自然会成为生活的主宰者，而不是生活的奴隶。

再者，如果能够拥有足够多的钱，你的休闲活动就不必再局限于平常人都想去的山水之中了，你可以自由随性地选择，可以自驾私家车出去旅游探险，可以自由地进行网球、高尔夫、垒球、射箭、射击、潜水、漂流等运动，还可以去参加各种舞会、去看演唱会、去世界各地欣赏音乐会、练习瑜伽……别以为这是天方夜谭，有些女人就过着这种自由的有钱的生活，比如维文。

维文是个著名的畅销书作者，是一个真正的“SOHO一族”，每月收入甚高。维文周围的朋友都十分羡慕她，不仅工作自由，而且也在休闲方面表现出了“有钱有闲”一族的风度。

除去每周两天的休息日，维文每天工作时间只需用四个小时去电脑旁敲写一些精品文字，在剩下的时间里，她都可以充分地自由掌握，想看电影就去电影院看电影，想购物就到商场去购物，想去旅行就去旅行。而且她对品牌、时尚有一定的偏好，还会到法国去买绝版的LV，追逐时尚的CHANEL……

维文说：“我感觉我是‘繁忙的’‘快节奏的’也是‘辛苦的’，但也却是快乐至极的。”是的，她拥有充分的选择权来实现自己的生活理想，她有能力实现自己对生活的需求，而且也有充分的时间来检验自己的生活质量。

是呀，有钱才能有闲，有闲才能让自己的生活变得丰富多彩。因此，为了成为有闲钱、有闲情的自由人，我们必须要早早地开始规划自己的人生。毕竟能够含着金汤匙出生的人是极少数的，多数人想要告别“没钱，没时间”的日子，必须靠自己前半生的努力。

《钱与闲——享受财富人生十大选择》的作者麦可·勒巴夫，是个彻底实现有钱有闲生活的人。曾在大学商学院担任教授的他，在35岁的时候就充分地认识到有钱有闲人生的重要性。他为了早早地让自己告别“没钱，没时间”的日子，便积极地探寻如何成为有钱有闲富翁的方法，并将这些方法付诸实践之中。结果，在他47岁的时候就过上了有钱有闲的生活。

我们可能都会羡慕麦可·勒巴夫的生活，也都渴望自己能够像他那样在短期的时间里，彻底让自己告别“没钱，没时间”的生活。那么，在生活中，达到什么样的财富标准才能彻底告别“没钱，没时间”的生活呢？

作者麦可·勒巴夫在他的著作中，向我们回答了这个问题。他告诉我

们要彻底告别“没钱，没时间”的生活，实现有钱有闲的生活目标，必须要熟练地掌握以下四种技能：

第一，有赚足够钱的能力，并且有足够的闲钱进行投资。

第二，要懂得消费之道，懂得省钱之道，要过“有钱有闲”的生活，并不是要将赚来的每一分钱都花掉，也并不是靠借钱来维持这种生活。

第三，要精通投资之道，无论市场在什么样的状态下，都能想办法让你手中的资金不断持续地升值。

第四，要懂得如何去享受你所拥有的金钱，因为怎样去合理地花钱比如何去挣钱是更为困难的一件事情。

如果你想告别“没钱，没时间”的生活，成为有钱有闲的才女，你必须要成功地运用这四种技能。要慢慢地从小钱挣起，从小钱省起，这样才能不断地积累起自己的投资资本。需要注意的是，在投资的时候一定要用自己的闲钱，不要因为投资而影响到你的基本生活。等投资赚到更多的钱后，要合理地消费，而在消费时也要尽量最大限度地发挥钱的本来作用，这样才能让你彻底告别“没钱，没时间”的生活，才能让你真正过上有钱有闲的生活。

God is a girl！ 那就是你

“昨天，我和老公又因为离婚的事情大吵了一架，事后，我向婆婆诉苦，想得到婆婆的怜悯，也企图想依靠婆婆的力量来劝解丈夫不要和我离婚。可我没想到，婆婆不但不体谅我的痛苦，反而无缘无故地把我数落了一顿，对我说了许多绝情的话。这时候我才恍然大悟，我的世界是多么的渺小，生活中除了老公再无旁人。结婚以来的日子，我似乎是将自己的整个生活都交到了别人的手中，完全失去了自我……现在这样，我该怎么办呢？”

一个温暖的午后，温妮向朋友诉说了她的苦衷。一个女人过着如此悲惨的生活的确值得同情，她把婚姻看成自己的全部，将自己毫无保留地卖给了婚姻和家庭，包括她的思想、感情和收入，完全失去了自我。可最终换来的结果却是老公的不珍惜，婆婆的没好气，自己对未来的一片迷茫。这样的结局是谁酿成的呢？是她自己！她放弃了主宰自己的权利。

也许会有人说，男女平等的口号都喊了上百年，女权运动也开始了几十年，哪个女人会像温妮这样没有自主意识，使自己丧失主宰自己的能力呢？真是这样的吗？很多女人都有自主意识吗？

有一项调查表明：在现代社会中，有超过80%的女人在经济上还要完全地依赖男人，即便是有经济收入的女性也没有自己的理财计划。大多数的已婚女人更是不清楚丈夫的实际收入，更多的女人也不知晓自己的丈夫是如何支配他们家庭的共有财产的。很多女人更是不热衷于投资，她们的投资大都要依赖自己的丈夫，就是大多数的单身女性也将投资的事务委托于自己的父亲、朋友或者男朋友来处理。女人这样做是极其危险的事情，这样做，其实就等于是将自己的命运交到了别人的手中，迫使自己丧失生命的主动权，在这样的情况下，这个女人的生活又有什么幸福和快乐可言呢？

曾经看过这样一则故事：

年轻的亚瑟国王在一次战役中被邻国的伏兵抓获。在死亡来临前，亚瑟国王没有丝毫畏惧的神色。邻国国王就被他的精神感动了。于是，就给亚瑟国王出了一个非常难回答的问题，如果亚瑟能够在一年时间内回答出来，就承诺给他自由，否则将会被处死！

这个问题就是：女人真正想要的是什么？

对于这个异常难回答的问题，亚瑟国王百思不得其解。他就请求邻国国王让他回国征求众人的意见。邻国国王知道他是一个信守承诺的人，就答应了他。于是，他就回到了自己的国家，征求国内所有人的答案。上到王公大臣、智者、公主，下到妓女、牧师、宫廷小丑……所有人给出的答案都没能让亚瑟国王满意。

后来，有人建议他去向一个老女巫请教，只有她才知道问题的答案。亚瑟国王去找老女巫了，但是女巫提出的条件让他十分为难：她要与亚瑟国内最高贵的圆桌武士之一，亚瑟国最为英俊的男子，也是国王最亲近的朋友加温结婚，她才肯回答这个问题。面对这样一个又老又丑，满嘴龅牙，身上散发着臭味的女人，亚瑟国王十分为难，他不敢想象，如果英俊的加温与这个满身恶臭，丑陋至极的怪物生活在一起会是怎样的难受！

亚瑟国王想拒绝，但是加温为了救国王的性命，却同意和女巫结婚。他们的婚礼正式公之于众后，女巫回答了亚瑟国王的问题：女人真正想要的是主宰自己的命运。邻国国王对这个答案十分满意，亚瑟国王也自然获救了。

后来，加温与女巫的婚礼也如期进行了。天啊！我们不敢想象那将是一场什么样的婚礼。年轻英俊的加温一如既往地谦和、温文尔雅，而女巫却一点也不收敛，为所欲为：她用肮脏的双手抓东西吃、打饱嗝。她的行为让在场的所有人都感到恶心至极，没有人敢想象他们的新婚之夜将是怎么度过的。

但是，奇迹还是发生了。在新婚夜里，躺在加温婚床上的却是一个美丽少女。当时，加温简直惊呆了，问这位少女事情的究竟。

少女回答道，她本人就是白天众人所见的那个让人恶心的女巫，因为她本人在一天的时间里有一半是丑陋可怕的一面，另一半是她美丽的一面。她这时候让加温选择：她在白天与黑夜应该分别展现出哪一面。

这可是个难题！他想："如果白天能向朋友们展现出她美丽的一面，而在夜晚他又必须要与一个又老又丑的女巫同眠；反过来，如果白天向朋友展现出的是一个丑陋的女巫，但是，在晚上他就可以与一个如此美丽的女人共度良宵了。”是的，这是非常难决定的一件事情！

聪明的加温则不假思索地对床边的妻子说：“你既然说女人最想要的就是去主宰自己的命运，那么就由你自己决定吧！”于是，女巫就选择白天与夜晚都做美丽的女人！最后，她的愿望也自然就实现了！

女巫的故事告诉所有的女人：女人的命运要靠自己去主宰，才能得到最好的结果。一个女人只有掌握住自己的命运，才能够拥有真正的幸福和自由。

God is a girl！每个女人都应该成为自己的上帝，去把握自己的人生，主宰自己的命运。因为只有能够主宰自己命运的女人才能成为真正独立的女人，才能让自己的人生更加丰富多彩，生命也会更有意义。

也许你会说，我没有上帝的神能，如何才能去主宰自己的命运呢？很简单，那就是拥有足够多的财富！现代社会中，财富就代表着自由，它是具有一定的神能的，一方面它能为你带来足够的物质享受，另一方面它也可以为你带来精神的自由与愉悦，最重要的一点它可以让你自由地把握自己的命运。

21世纪是创造财富的时代，作为一个现代化的都市才女，应该放弃那种依赖的心理，为自己树立起长远的经济目标，努力用才识与财识让自己成为一个富有的人。因为你的命运是掌握在你的手中的，凭你的聪明才智，你一定可以用自己的双手去撑起属于自己的财富人生！

第二章

丢掉你的穷观念，爱上金钱

对待财富的心态决定了女人拥有财富的多少。如果你认为谈金钱是一件庸俗的事情，如果你认为创富是男人的事情，如果你对财富没有任何欲望，那么，财富就真的与你无缘了。要知道，财富已经成为这个时代的象征，没有财富是很难受到他人尊重的。这是一个“她”时代，创富也不只是男人的专利，只要你相信自己，转变观念，也是可以与财富结缘的。

不要在金钱面前“装清高”

“唉……现代人都太拜金了！钱有那么重要吗？我觉得够吃够喝就行了，搞得满身的铜臭味也未必是件好事，钱多了还可能变成祸害！”

“钱不重要你上班干吗还那么拼命，拼命不也是为了能够更好的生活吗？哈哈……还是别装了！”

凯丽经常在朋友面前说钱很不重要，看不起那些拼命挣钱的朋友，但是实际上她工作也是极拼命的，这就说明她也是需要钱的！凯丽在金钱面前表现得很“清高”，看不起为钱拼命、满身沾满铜臭味的人，认为她们不怎么高尚似的。可实际上，其实她内心深处也十分渴望得到钱，这种表里不一的原因就是因为她缺乏驾驭钱财的能力，对自己信心不足。

从现实的角度来看，那些为钱去拼命工作的人并没有什么错，因为与各种不稳定的关系相比，钱反而是更为牢靠、更能带给女人安全感的东西。钱的的确确能给人带来更多想要的东西，为钱拼命工作也是无可厚非的事情，在没偷、没抢、没骗，也没去出卖自己的肉体与灵魂的情况下，自己的任何合理收入都应该受到尊重。

喜欢在钱面前“装清高”的人，不妨仔细地想想：“钱”有什么错呢？它自身并不会做对不起你的事情。相反，它还可以为你的衣食住行尽职尽责，为你的高品质生活保驾护航。可怕的并不是钱，而是你对钱的错误认识，还有“装清高”之后要面对的各种生活困境。潼恩曾经是个理想主义者，她认为爱钱的女人就是世俗的，可是现实的生活打破了她的梦，她也终于认识到了钱的重要性。潼恩在和朋友的一次交谈中，说出了这样一番话：

毕业刚参加工作的时候，凭借爸爸的关系，我有一次到沿海外企工作的机会，待遇十分优厚。当时，我和我的男友正在热恋期，他在本地找了一份待遇并不算好的工作，为了他我也想在本地找一份工作。

我承认当时我是极其清高的，总认为将自己的未来与金钱牵在一起，是低俗的。带着这样的思想，我最终还是没听家人的劝阻，选择了在本地一家小银行上班。一年后，我和男友就结婚了，婚后我才知道当初清高的思想给自己带来了怎样的痛苦。

我和老公的工资都不高，婚后的生活却要每时每刻地要和钱打交道：每日柴米油盐、生活开销、给父母买礼物、朋友聚餐、看病住院、生育后代……每一样都离不开钱。拮据的生活让我感受不到丝毫的快乐与幸福。我懊悔当初大学时代遗留的指导思想让自己几次失去了能够最大限度拥有金钱的机会。

是的，生活是离不开钱的，如果你连维持基本的生活都成问题，自己清高的价值又在哪里呢？潼恩的生活经历告诉我们，在金钱面前“装清

高”只会让你一次又一次地失去拥有金钱的机会，让自己的生活陷入极其窘迫的状态之中，最终换来无尽的懊悔与痛苦。

实际上，爱在金钱面前“装清高”的女人，她们并非真的愿意享受清贫而拮据的生活，也未必真的不渴望过上富足的日子，因为她们也知道没有了钱自己的生活就失去了保障，没有保障的生活也就没有了质量，没有了质量生活也就失去了其原本丰富多彩的意义。她们心里明明爱钱爱得要死，嘴里却对钱不屑一顾，实际上这只是她们得不到金钱而欺骗自己的借口罢了！她们不知道，这样的做法十分缺乏理性，它除了自欺欺人之外，也很容易将别人的思想带入误区之中。

如果一个人总在金钱面前“装清高”，久而久之她就会真的误以为自己对钱产生了“抗体”与“免疫力”，认为真的可以清高到不食人间烟火了。然而，现实的生活迟早会让她体会到这种思想所带来的懊悔与痛苦。那些真正能够理直气壮地在钱面前装清高的人反而都是那些不缺钱的人。因为不缺钱所以才不会为其所累，才不会被它牵着鼻子走，才有了更多自主选择的权利，才能够来去自如，才有了追求其他事物、实现更高理想的可能。足够的金钱可以让人完全没有了后顾之忧，让人们有更多的精力与时间去最大限度地实现自我价值。因此，“君子爱财”本身是没有错误的，现代都市才女都可以选择去做一个“女君子”，这样才可以让自己最大限度地拥有金钱，才可以最大限度地实现自身的价值。

都市的才女们应当早点认清现实、面对现实，摆脱幼稚的想法，不要在金钱面前“装清高”。毕竟清高不等于尊严，一味的清高是换不来别人的尊重的。同时，对待钱也应该保持清醒的认识，钱只是人的一项重要的工具，要客观地认识它，努力去凭自己的智慧与双手最大限度地获取它；然后再正确地利用它，为自己获取更多的幸福与快乐！

指望靠男人创富已经成为过去

“创富是男人的事情，干吗非要把自己的头削尖了去和男人抢地盘呢？不是自找苦吃吗？”

“你已经Out了，在现代社会成功已经不是男人的专利了，创富哪有性别之分！只要有信心有魄力，女人也可以打出一片天地来的。累是累了点，但是很有价值呀！至少我现在有自己独立的事业了，不像你天天还得低三下四地去哄你老公的钱去购物！”

张萍的思想是落后的，她认为自古创富都是男人要去干的事情，女人非要去和男人抢“地盘”是自找苦吃，不愿“找苦”吃的她最终只有低三下四地去哄老公的钱去生活。而自立自强的李越却认为成功不是男人的专利，创富也没有性别之分，依靠自己的信心与魄力最终获得了事业，为自己赢得了更有尊严的生活。如果你的思想与张萍一样，你的思想可能就要过时了，因为这是一个充满机遇的时代，也是女性独立自主的时代，成功已经不是男人的专利了，创富也没有性别之分。放眼望世界，职场上的女强人越来越多，创业大军中，女性的脸孔也越来越常见，富豪已经不再是清一色的男性了，许多女性也在这个世界中打拼出了自己的一片天地。

很多女人在潜意识中总认为自己是弱者，但是无数的事实证明，女人只要有梦想，有胆识，有不怕吃苦的精神，也能像男人一样独立地撑起一片属于自己的天空，一样也可以白手起家，成就一番事业！请看看这几位我们耳熟能详的女富豪是怎样创富的吧！

张茵：她在2006年《胡润榜》富豪榜单位居第一名，是玖龙公司的董事长。她完全是依靠废纸回收发的家，当然这是一个很少有女性介入的行业。她原本有份待遇优厚的工作，但是她不甘平庸，渴望成功。1985年，她毅然辞去了工作，随身携带3万元来到了香港，在一个老师傅的带领下，进入了废纸回收行业。在创业过程中，曾遇到过重重的困难，但是她却一直锲而不舍地坚持了下来，最终获得了成功。后来，她又运用她的才干与智慧将公司移到了美国，成立中南控股公司，并使其发展成美国最大的废纸回收公司。

陈丽华：她于1982年移居香港。她的第一桶金也是在香港掘到的——她凭借自己独有的眼光与投资理念，以低价买进了比华利的12幢别墅，几年后又高价出手，这种方式让她迅速完成了资本的原始积累。在这之后，她并没有恋战香港，而是及时地转变投资方式，将投资项目转进内地，她不求贪也不求多，一向以步步为营、稳键投资著称。

张璨：她的第一桶金是靠做电脑得来的。她凭借着自己对电子产品市场的敏锐观察力，在内地注册了一家电脑公司——达因电脑公司，她凭借着自己机敏、踏实、能干的作风，成为美国康柏公司在中国的总代理商。做代理的初期，达因公司已向国内客户提供了10万台康柏电脑。完成资本原始积累后，达因公司又开始向房地产行业进军，一年后，达因集团公司显示器生产厂建成，出口额达1亿美元，内销达到了3亿元人民币。

这些女富豪都是依靠自己的双手与智慧开始创业的，她们有勇气、有胆识，敢于做自己想做的事，同时她们都拥有幸福的家庭，在爱情与事业上获得了双丰收。这些在商界中取得成功的女人用自己的实际行动告诉我们，指望男人创富的思想观念已经Out了！正如张茵所说：“虽然女性的体力比男人稍差一些，但是在其他方面她们和男人是没有任何区别的。只要你有智慧，有进取心，有好的人品，你也可以取得成功，并且有时候在工作中，正是因为她们是女人，反而能得到更多的照顾。”

看到这儿，一定会有才女这样说："我没有足够的资金去投资，没有遇到合适的机会来为自己捞到第一桶金，我只是一个'薪'族女性。如果我也想像这些女名人一样成为'财女'又该怎么做呢？"

靠创业富起来固然是艰难的，但是，创富也并非创业这一条路可走。对于那些不适合创业的女性来说，你如果从事的或者有意于要从事以下几个行业，通过努力后也可以获得丰厚的财富。这些行业主要包括：

第一，公关行业。这个行业是女性的"传统优势行业"。在竞争激烈的知识经济时代，在靠吸引顾客眼球赚取金钱的时代，公关比任何时候都更重要。在这个行业中，无论是自己成立公司独当一面，还是在别的公司中担任中高级公关代表，女性都可以创造属于自己的财富。女人具有天生的公关能力，其表达能力、交际能力、协调能力等都强于男人，这些就是女人在竞争中占优势的地方，也是女人创富的地方。如果你是一个活泼、爱好交际的才女，那么在这个行业中，你就一定可以掘到财富。

第二，媒体行业。现代社会可以叫做传媒时代，任何信息都可以通过传媒在一夜之间传遍世界的每一个角落，因而传媒红人也无不红得发紫，从中央电视台因主持"综艺大观"而一飞冲天的倪萍，到湖南卫视"快乐大本营"台柱之一的李湘，她们的收入是一些人几辈子也挣不到的。如果你有主持和表演天分或才能，大可以放心地在这一行业中大展拳脚。

第三，保险行业。这个行业也是当今社会越来越火的行业，在现实中，已经有许多女性精英、女商业管理硕士放弃自己在外企的高薪职位，加入到这个具有可观财富前景的行业之中。对于有意于从事保险业工作的才女，也应该抓紧时间了，说不定下一个"财女"就是你噢！

第四，人力资源管理行业。这个行业也是一个特别适合女性的行业。在现代社会中，企业间的竞争说白了就是人才的竞争，因此，人力资源管理已经成为每个企业不可或缺的职位，为此，这个位置也逐渐成为女性创富的首选。每个企业发展的关键就是要有一群有知识、有能力、能力与企业文化理念相适应的员工，而这些都需要有一个能创造和谐的公司氛围的人力资源管理者，使那些人才、精英更愿意待在这里工作，与企业发展共命运。而女性所天生具有的亲和力与号召力使她们更容易胜任人事经理的工作。如果你现在从事的正是这方面的工作，那你可要抓紧时间提高自己的专业素质和自身的实践经验了，只要有毅力，你就能在这个行业掘出财富来！

当然，还有其他的一些行业比如企业高级会计等都非常适合女性。总之，女性不管从事的是什么行业，只要心中有强烈的致富梦想，就有获得成功的机会。当然，要想成为富有的女人，仅有欲望是不够的，更重要的是有不怕苦的拼搏精神与毅力，有胆识有气魄，具备了这些素质，你就离"财女"不远了。

你有金钱恐惧症？ 不要紧

几个女人聊天，说出了她们心中的忧虑。

"我担心自己将来会成为一个无家可归的人。"

"我担心自己会没有能力养活自己。"

"我担心我工作出了差错，会被老板炒鱿鱼，我靠什么生活呢？"

"我担心周围的朋友如果知道我挣这么少的钱会瞧不起我。"

……

瞧瞧，女人的担心似乎来自各方各面，可实际上，她们所有的担心，归根结底都是对金钱的恐惧。在现实生活中，多数女性都或多或少地会对金钱产生恐惧，尽管她们在与好朋友聊天的时候不会谈及，但是这种恐惧与担忧却是实实在在的存在着的，而且也实实在在的影响着她们的生活，阻止她们对金钱的自由支配。

与此同时，这种金钱恐惧症对女人的心理也会造成巨大影响。比如这个月你没有足够的钱去支付网费、电费、天然气费、电话费等这些生活账单的时候，你就会担忧。如果不及时地消除这种担忧和恐慌，它就会像野草一样在心中肆无忌惮地生长，直至会使你认为自己是个一无所有、百无一用的人，这种想法会使你丧失信心，并会让你自暴自弃，甚至真的会让你最终成为一个一无所有、百无一用的人。鉴于此，我们必须要从源头上去正视这种恐惧与担忧，并用新的、更为积极的理念来代替它。

心理学家指出，克服恐惧与担忧的最佳方法就是能够坦然地将它说出来。当你把自己的恐惧说出来后，你就会发现你的身后并没有魔鬼，接下来就可以坦然地面对那些恐惧的事情了。所以，当你为没有足够的钱去支付生活账单而产生恐惧的时候，你可以将这种恐惧说出来，告诉自己，这个月的账单可能要晚一些去支付了，让自己放松下来。

此外，对付金钱恐惧与担忧的方法，就是找出恐惧与担忧的根源。很多女人在担忧与恐惧的时候可能都没有意识到，自己对金钱的恐惧与担忧都是源于自己童年时代对金钱的记忆，这种记忆本身会在不知不觉中对我们造成巨大的影响。

贝蒂是一位对金钱怀有恐惧和担忧心理的女性。她的丈夫想进行一些激进点的投资，他觉得他们还不到40岁，可以冒点险。但是贝蒂却不同意丈夫冒险，坚持把钱存进银行里。她说："银行安全。"她的丈夫怎么也想不明白，为什么她一听到投资，就会害怕得不得了。后来丈夫才了解到，这种恐惧的心理与她童年的一次经历有着密切的关系。

在贝蒂10岁那年的圣诞节，妈妈给了她10美元让她到熟食店里去买些熟牛排回来，这可是件大事情，全家人已经有一年时间没有吃过牛排了。她的爸爸妈妈与弟弟妹妹都等着晚上那顿美味的餐饭呢！

从她家到熟食店并不是很远的一段路程，她一边走，一边唱着欢快的歌。这段路她走过很多次，穿过两个红绿灯很快就到了。但是，当她从口袋里掏钱的时候，却发现钱没有了。当时贝蒂的心中一惊，天啊！10美元可不是一笔小数目，在平时够全家生活一个月了。她慌了，急忙顺着来时的路回去找，但却一无所获。她只好十分歉疚地回到了家中，当时，家里的人都已经准备好了，大家都在餐桌旁等着吃晚餐。

看到贝蒂两手空空，妈妈问她："去了大半天，牛排呢？"她不得不告诉妈妈自己把钱弄丢了。然后，整个屋子顿时变得安静起来，大家看着她，什么也没有说。她也没有受到任何责备和惩罚，但是，那个圣诞节的晚上，全家吃了一顿没有牛排的晚餐，盛牛排的盘子在桌子上放着，里面却没有牛排。

贝蒂与丈夫向理财师进行理财咨询时，她说："那次丢钱对我打击真的很大，从那以后我再也不想自己掌管金钱了。"她的丈夫自听了她说的这件事情后，所有的一切都明朗起来，就是她怕自己会保不住金钱，怕把钱丢掉。

对此，理财咨询师建议贝蒂再拿出10美元到她童年去过的那条街上买面包。当这样做了之后，贝蒂明显变得轻松多了。这种康复治疗可能是个十分缓慢的过程，但是她已经做好了向前走的准备。

看到这儿，你一定也明白了：越早地处理掉关于金钱问题的恐惧，就能越早地创造出更多的金钱。从现在开始，检查一下你是否也会对金钱产生恐惧与担忧，如果有的话那就要勇敢地正视它、接受它，要知道就是它阻碍着你去获得更多的金钱。从现在开始，做一个这样的练习：把你和你所恐惧与担忧的金钱问题拉近一点，看清楚你到底所害怕的是什么？

我担心如果我失去现在的工作，还能找到其他的工作吗？

我担心如果我的朋友们知道我挣多少钱，她们会不理我。

我担心丈夫会离开我，那时我该怎么继续以后的日子？

我担心我将来怎么去支付孩子的教育费用呢？

我担心我会失去自己所拥有的一切。

我担心如果男朋友知道我有这么多的债务，他还会和我交往吗？

好了，请接受你的恐惧，并将它们写下来，念给自己听，并与童年时代关于金钱的记忆联系起来。这样你就会发现，你现在能够正视你内心所隐藏已久的恐惧了。同时，你要避免自己产生这样的想法：我不能够掌管金钱，大量的金钱不能够到我的手中；我现在没有足够的钱，将来也不会有足够的钱，等等。你要为自己树立信心，相信自己能够在将来掌握更多的金钱，相信自己能够用手中的金钱去换取更多的金钱，这样做你就能够以积极的理念来替换你心中的恐惧与担忧了。贝蒂就是这样开始她的新理念的："我完全可以把金钱投入到能带来高收益的地方，我相信自己能够确保金钱万无一失。"所以，从现在开始，试着用新的观念来代替使你产生恐惧的思维习惯，强迫你的头脑接受这种积极的信息，并强迫自己按照积极的理念去行动，在这个过程里，你一定要发自内心地相信它。同时，在执行你的新理念时，也要遵守以下3条规则：

第一，发挥自己的聪明才智，尽可能地以最简短的语言将你的新理念写出来，你可以这样对自己说："我有的钱比自己需要的多""我年轻、有能力，就能掌管更多的金钱"……

第二，用现在时态写下你的信念，从现在开始就转变你对金钱的态度："我完全可以控制自己的一切金钱""以我的能力，我完全可以不用担心我的未来"为什么要用现在时写呢？因为这是你当前所想过的生活，而非是在将来的某一天。

第三，将想法变成一种信心，打开接受金钱的新思路。比如"我每月至少要存1000元。"为什么是至少呢？因为你要想着自己将来会有更多的金钱。

好啦，才女们只要每天坚持将你的新理念写10遍，每次起床与上班乘车的时候都要想着它，并且要经常对自己说："那才是我想要的，是我所树立的新的理念。"如此这样坚持下去的话，它就可以起到十分积极的作用。当你满怀信念地去执行你的新理念，你头脑中对金钱的恐惧就会自动消除。这样你就达到目的了，你就能够正视金钱了，就能够用正确的方式对待它了。

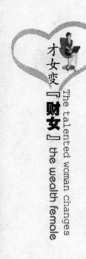

升华你的金钱欲望

"我喜欢平平淡淡的生活，现在每个月的薪水够养活自己，我挺知足！虽说我也曾幻想过拥有更多的财富，但这也并不是说谁想要就能够拥有的，一切还是顺其自然的好！"

赵颖对朋友这样说自己对财富的看法，她的性格是恬淡的，她认为财富是不可强求的，还是顺其自然的好，而其实她也想拥有财富。她的这种想法有点"听天由命"的味道，才女们可以想一下，赵颖最终会成为"财女"吗？

答案当然是否定的，你想要拥有财富，首先就要升华你对财富的欲望，因为它是你通往财富之路的发动机，如果你对金钱有足够的欲望，"财女"就离你不远了。欲望真有那么重要吗？先听听苏格拉底是怎么说的吧！

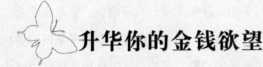

有一次，有个人问苏格拉底："我如何才能获得财富呢？"

智慧的苏格拉底并没有当场直接回答他的问题，而是将他领到了一条小河边，然后将他的头直接按进了水中。那个人出于本能开始不断地挣扎，但苏格拉底一直不放手。那个人拼命地挣扎，用了自己最大的力气才挣脱出来。

这个时候，苏格拉底微笑着问他："你刚才最需要的是什么呢？"

那个人还未从刚才的慌乱中平静下来，喘着粗气说："我最……最需要空气。"

在这个时候，苏格拉底因势利导地对这个人说："如果你能像刚才需要空气那样需要获得财富，那你一定能获得财富。"

苏格拉底用最智慧的方法告诉我们：要拥有财富，必须首先要有获取财富的强烈欲望。仔细分析苏格拉底的那句话，你会发现这种欲望其实是指"我要，我一定要"的勇气与坚定，是一种志在必得，专心一致的心态。只有拥有这种坚定的勇气与强烈的心态，你才能克服一切困难，最终获得财富。

也许会有人说，这是一个超现实的理由，欲望真的有如此神奇的力量吗？是的，这种神奇的精神力量可以使身份卑微的人爬上财富的顶峰，可以使重病的人起死回生，也可以使人在失败了几百次之后东山再起。舒曼?汉克夫人就是在这样强大的精神支持下才成为非凡的歌唱家的。

舒曼·汉克夫人在其事业的初期，曾去拜访维也纳宫廷歌剧团的乐队指挥，想请他试听一下自己的歌喉。乐队指挥看了一眼眼前这位局促不安、衣着朴素的女孩，毫不客气地对她说："就凭你这个样子，是不可能在歌剧这方面取得成功的！噢，你还是尽快地断了这个念头，回家去买一台缝纫机，做你能够胜任的工作吧！没错的，你永远也不可能成为一个歌唱家的。"

舒曼·汉克夫人内心有十分强烈的愿望一定要成为一名歌唱家，但是乐队指挥却用"永远"这个词将她的一生都否定了。不过，这种否定并没有使舒曼·汉克夫人放弃，反而使她更坚定了自己的信念，她要用自己的

成功证明给这个乐队指挥看。这种强烈的欲望使她克服了重重困难，最终成为一名成就非凡的歌唱家。

当初那位维也纳宫廷歌剧团的乐队指挥虽然知道许多唱歌的技巧，却不知道舒曼？汉克夫人强烈的欲望所产生的精神力量有多么的惊人。如果他对这种力量稍有了解，就不会轻率地否定这位对于歌唱事业有强烈欲望的女孩。在现实生活中，大多数人都想成为富人，想拥有很多的金钱，只是他们都认为这个梦想离自己简直太遥远了，于是就开始安于现状，不再去考虑改变自己现有的生存状态，最终让富人梦成为泡影。如果你也像这些人一样，对于财富与金钱只是想想而已，没有真正地从内心将这种愿望升华为强烈的欲望，那么你在获取财富的道路上就不会有强大的精神力量，最终也很难实现理想。

对于都市“薪”族才女来说，要想将自己打造成“财女”就必须首先要让你内心对金钱的欲望燃烧起来，这可以使你坦然地面对获财道路上的各种挫折与困难。欲望是你获得所有成就的出发点，是你走向财富人生的第一步。如果你现在还未拥有财富，那么，就大声地对自己说：

“我不要一生都依靠我的丈夫，我要以自己喜欢的方式生活，而不是听从我的丈夫；”

“我不要一生都疲于工作，我要自由自在地周游世界；”

“我不要让我的父母到年老还依然忙碌，我一定要让他们提前退休，过上衣食无忧的日子；”

“我不要一生都为别人打工，我一定要在年轻的时候就拥有一个属于自己的公司；”

“我不要一生都为钱工作，我要我的钱为我工作；”

……

大声地喊完后，牢牢地将它们记在心里，在你还没成为富人之前，要时不时地对自己默念，这样你就顺利完成了走向财富人生的第一步。接下来，你要做的就是把这种欲望按计划变成财富。那么，如何才能将欲望变成财富呢？以下六个明确而又切实的步骤可以帮你实现财富梦想，实现你的欲求目标。

第一步，你要在心里确定你真正所欲求的财富目标。仅仅对自己说："我要有很多很多钱"这种笼统的概念是远远不够的，你的财富目标必须是明确的，比如，在1年内我要有10万，在5年内我的资产要达到100万，等等。目标越明确，你获取财富的脚步就会越坚定、越稳健。

第二步，为了达到你的财富目标，你一定要明确自己决心要付出什么样的代价。因为在这个世界上，没有任何事情是可以不劳而获的，获取财富更是如此。

第三步，给自己的财富目标定一个明确的期限，就是你决心何时实现你的财富目标。

第四步，拟订一个实现财富欲望的明确计划，这个计划越详细越好，甚至可以明确到"你每天要获得多少钱"。

第五步，将你欲求所得的财富数量，实现目标的期限，为实现目标要付出的代价以及实现目标的计划等，都明确地写出来，并写一份督促自己的类似誓言的声明。

第六步，坚持每天都将这份声明大声地读上两遍，一遍是在你早上起床以后，一遍是在晚上入睡之前。同时，在读这份声明的时候，一定要想象自己已经拥有了这笔财富。

好了，接下来就是你必须要遵照这六个步骤中所说明的指示去做。也许你在遵守和奉行这六个步骤的过程中会这样抱怨，我根本看不到自己的努力会变成财富，但是你完全可以想象当你拥有许多财富之后，你所拥有的快乐与欢愉，比如：你将有能力买下你一直梦想拥有的东西，可能只是一栋大别墅，一部好车子，一次美国游；你将有能力帮助你所爱的家人与朋友；你将有能力帮助那些需要帮助的人；你所有“想要”的都会实现，你所有“不想要”的都会离你而去。这样，你的内心就会产生一种十分强烈的欲望，这种强烈的欲望是你强大的精神支柱，会使你自强不息，可以使你到达你想去的地方。

有钱让女人更有尊严

“唉……这年头连衣服专卖店的服务员都嫌贫爱富了！”

“怎么了，发生了什么事吗？”

“昨天午餐过后，朋友打电话催我一起去逛商场，急忙之下，我到楼下才发现自己竟然穿了一件旧衣服，那是我上午打扫卫生时特地换上的。唉……到了百货大楼的成衣专卖店，当我问及一套刚上市的阿迪达斯秋装的价位时，那个服务员用目光扫了我一眼，竟然不搭理我，还说，这是名牌衣服，不买的话，还是不要试吧！另一位服务员还对我翻白眼……”

“看上了那件衣服，最终还是没买？”

“今天中午下班后，我又到了那家专卖店，穿着一套精品套装，挎着我的LV包包，我走进店里，目光刚停留在那套衣服上，昨天对我翻白眼的服务员就满脸笑容热情地为我服务……”

晚上回家后，丽莎气愤地向丈夫说起她的这次经历。对此，我们也许会因为商店那两个服务员的“趋炎附势”而生气，但是，我们不可否认一个事实，那就是嫌贫爱富的确是很多人的“思维惯性”，当她身穿破旧的衣裳问服务员一件名牌服装的价位时，服务员对她不是不搭理，就是对她翻白眼。相反，当她穿着一身优雅得体的精品套装，挎着上万元人民币的正版LV包，她的目光只是在那件服装前稍微地停留了一下，那位服务员却热情地为她服务。

她的经历也向我们说明了一个问题：女人如果没有钱，在社会上就得不到应有的尊重。如此说来，钱真是个好东西，它不仅能让人获得物质上的享受，精神上的满足，还可以让人活得更有尊严。换句话说，只要你有了钱，你就会在社会生活中得到他人的尊重，让你周围的人看得起你。这也是马斯洛需求理论的第四个层次的满足，就是在社会地位上受到尊重的满足。人生来就有受到赞美、受到尊重的强烈愿望与倾向，不论民族、文化、历史、家庭、性别和年龄，这是人的共性，女人也不例外。尤其在商品经济社会中，获得财富成了获得赞美与尊重的最有效的途径之一，否则你周围的人甚至你曾经最亲密的人也未必会尊重你。

安琪是一个著名的法学院刚毕业的女大学生，她在实习期间与一位有家室的检察官产生了一段婚外情。当她实习期结束后，安琪就来到了上海，在一家著名的律师事务所工作。两年以后，凭借聪明才智她已经成为一名小有成就的律师，有车有房，生活无忧。

到了该谈对象的年龄了，可她一直不肯恋爱，因为她始终忘不了那个让自己刻骨铭心的情人，后来，她就开始电话联系那位检察官。有一次，恰巧那位检察官就在上海开会，安琪获知此消息后就迫不及待地想去见那位让她日思夜想的检察官。赴约之前，安琪为了保持当初学生时的模样，刻意还穿着路边小地摊买来的陈旧衣服，将自己打扮得像个下岗女工。

当安琪怀着无比激动的心情见到昔日的恋人时，那位检察官已经两鬓斑白了。当检察官看到安琪的那身打扮，当即就判断出她的经济条件不会很好，就问她现在在做什么工作。安琪说自己当前没有工作，只是有时候去给朋友打打杂。她还告诉他，到现在还没有结婚。

这时候，那位检察官突然害怕了，他以为她是来找他要钱的，他意味深长地看了她一眼，然后就对她说："这次出差我也没有带多余的钱，恐怕要让你失望了。”听到检察官说出这样的话，安琪开始也十分不解，等到明白后，她顿时感到无比的失望与气愤，原来他将自己看做是靠出卖肉体谋生的女人了。

几年来，她一直将他视为生活中的知己，以为他不同于一般的男人。但是，几年后他竟然会如此地看她。安琪十分生气，转身就走，愤怒的她出门直奔自己的小轿车。那位检察官透过宽大的玻璃窗看到她的车绝尘而去，不由得暗骂自己“有眼无珠，得罪了贵人”。

也许我们会为安琪对爱情的执著而感动，也许我们觉得故事中检察官的行为非常可恨。但是，这个故事真真切切能让女人明白这样一个道理，那就是钱对女人来说是非常重要的。如果你没有钱，即便是你曾经最亲密的人也未必会尊重你。

如果一个女人拥有足够多的金钱，她就不会因为生存与家计走上歧路，就不必去死守一份不属于自己的爱情，就不必听那些低素质的男人对自己大放这样的厥词了：“假如离婚了，男人随便还能找一个20岁的女孩，而女人想再嫁就不容易了，尤其是生过小孩的女人更是嫁谁谁也不要了。”钱可以让女人体面，有尊严地生活着，当然前提是这些财富都是女人靠自己的勤劳奋斗得来的。

相信自己，你能行

“在创业前我一直觉得自己是个商业奇才，在决策前从来没犹豫过，也不会患得患失，哈哈，现在真的做到了，我的店终于开起来了，生意火暴！现在知道，自己的感觉，在任何时候都是最强大的声音，相信自己能行，

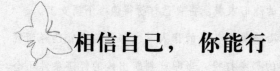

自己就真的能行!”

李琼这样在朋友面前谈论自己成功的经验，她认为是自信心促使她走向了成功。有的才女可能会说：“自信的力量真有这么大吗?”是的，自信心的确有着巨大的威力，瞧瞧奥运冠军刘璇是怎么成功的吧!

在1998年悉尼奥运会的平衡木比赛中，我国体操选手刘璇站在垫子的一端，准备做最后的一跳。当时她必须做出一个十全十美的10分跳，否则一切努力都将前功尽弃：梦想、金牌、团队的骄傲、国家的荣誉。

她是最后一个出场的中国选手，所有的希望与压力都聚焦在了她的身上。她闭上眼睛停了几秒钟，然后飞速地向前奔跑，平衡木上优美的表演伴随着那沉稳而无懈可击的落地动作，预示着她成功了！预示着她可以得到所有的一切：掌声、荣誉与无限的骄傲。

事后，记者在采访时问她，那闭眼的几秒钟里她在想什么？她说她在想象着要将自己的每一个动作都要做精确，并且要平稳地落地。结果，她的自信真的使她做到了，一切都按她想象的发生了。

刘璇之所以能够最终取得圆满的胜利，不仅在于她平日里的努力，更重要的是她在跳的一瞬间心中充满了自信，她相信自己能够做到最好，这使得她的内心充满了力量。在这种力量的驱使下，她最终完成了那个无可挑剔的完美动作。

是的，这就是信心的巨大力量，信心是心智的催化剂，当信心与思想相结合时，就会在你的潜意识之中产生无穷的智慧。因此，作为一个都市才女，如果你想拥有财富，首先就要相信自己：相信自己能够创造财富，相信自己能够做好成功理财的操盘手，相信自己在未来能够拥有无尽的财富。如果你能够用这种积极的力量去暗示自己，不自觉地，信心就会转化为你潜意识的力量，反过来，你的潜意识又会反复地给你下达各种积极的

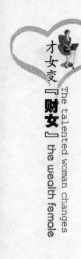

命令，最终就会转化为现实中有形的对等物质。

只有你想不到的，没有你办不到的！自信的力量是巨大的，美国“最佳女企业家”艾拉·威廉也是在自信的力量下获得财富的。

艾拉·威廉出生在一个黑人家庭，她有11个兄弟姐妹，父亲要承受的生活压力很大。艾拉在小的时候，就想出去帮助父亲工作，但是，父亲只允许她待在家里帮助母亲。艾拉自小跟着她的母亲学到了两种珍贵的东西，那就是：烹饪技术与自信。她的母亲就经常告诉她：“只有你想不到的，没有你办不到的。”

艾拉长大后，黑人出身的她受到的歧视使她更为清醒地认识到“只有想不到的，没有办不到的”的具体意义。她的两次婚姻都以失败告终，在当时她已经是两个孩子的母亲了，但是她却一无所有，她完全依靠捡空饮料瓶与易拉罐维持自己的生计。即便是做着如此低贱的工作，她还不断地激励自己“如果我能够做这种低贱的工作，那么我相信我也一定能够做老板，因为我已经掌握了最艰难的工作技术”。

在这种精神的不断激励下，她建立了属于自己的一家专门改造和提升旧系统的公司，尽管那时候她对这个行业一窍不通，没有大学文凭，也没有任何工程师的专业知识，但她坚信自己一定可以像系统工程师一样聪明、能干。

后来，经过3年的艰难实践，她向军队的军官们展示了自己在那个领域中的独特创意：她为军官们掌勺并经常给他们带来一些自己公司烤制的饼干和点心。她最终获得了向军队上的决策人物进行展示的机会：在专家面前对系统的特殊细节问题做了报告并回答了问题，进行了产品演示，以她高超的烹饪技术赢得大家的认同。最后，她得到了一笔800万美元的合同，几年后，她已经拥有了足够经济实力可以用来租用更大的办公场地和雇用更多的工作人员了……

作为一个曾经离过两次婚，带着两个孩子独立生活的黑人单身女性，艾拉在1993年的时候获得了美国“最佳女企业家”称号，成为那个时代最成功的商界女性之一，还曾经作为克林顿夫妇的客人在白宫与他们交谈，她的成功秘诀是什么呢？那就是自信。她用自己的亲身经历证明了一件事：女人能够创造一切，自信可以创造一切！

艾拉·威廉能够做到的，你也可以做到，只要你有足够的信心。能够成功获取金钱的女人，通常都是异常自信的，她们都坚信自己的财富目标可以实现，她们不仅仅在思想上这样认为，而且她们也会将这种自信运用到实际的行动之中，用在切实的日常创富活动之中。不管是空想的发明家，还是拓荒的企业家、浪漫的作家，凡是能够取得非凡的成就、获得巨额财富的人，都是那些确信自己一定可以得到巨大财富的人。为此，我们不可以不说信心是所有奇迹的基础，它是你获得巨额财富的重要媒介，依据这个媒介你可以利用和控制智慧所产生的巨大力量。

作为一个都市才女，不管你现在处于怎样的状态，不管你现在从事的是什么行业，只要对自己有信心，只要相信自己是最棒的，你就一定能够获得成功，实现自己的财富目标。

少了财识，只能与“财女”说Bye-Bye

Part 2

要想成为“财女”，首先要具有丰富的财富知识。你的财识有多少，直接就决定了你是否利用好手中拥有的财富，是否能完成你的财富计划。它是一种无形的力量，直接指导着人们的创富行为。要创富首先就要重视这种力量，可以让你的财富之路走得更顺畅。

第三章

增补财识，向“财女”进军

财富是不会轻易与“财盲”结缘的，要想拥有财富，首先就要懂得打理财富，要懂得打理财富，就要懂得基本的财富知识。也就是说，你掌握财识的多少，如何对待财富，就决定着你创富的效率与速度。如果你决定了要向“财女”进军，那么，从现在起就开始增补你的财识吧！

打理财富，赶早不赶晚

在年理财收益为7%不变的情况下，爱兰和佳茵分别选择了不同的理财方式：

爱兰选择从20岁开始，每年存款1万元，一直存到30岁，到60岁的时候全部取出来作为自己的养老金。

佳茵选择从30岁开始，每年存款1万元，一直存到60岁，60岁时全部取出作为自己的养老金。

你觉得爱兰和佳茵谁能够获得更多的养老金呢？有很多人一定会说，当然是佳茵了！道理很简单，佳茵的储蓄数额显然要比爱兰高很多，也就是说佳茵30年30万元的储蓄本金要超出爱兰10年10万元的储蓄本金，所以她最终得到的养老金肯定要比爱兰高出许多。事实真的是这样吗？

实际上，这不过是表面现象罢了，你只要开动你聪明的大脑计算一下你就会发现：在年理财收益率为7%的情况下，以每年1万元的存款方式做储蓄，从20岁存到30岁，到60岁全部取出时可以得到的存款金额为70多万元；而如果以每年1万元的存款储蓄方式做储蓄，从30岁存到60岁，最终得到的存款金额却只有60多万元。才女们不妨去动手计算一下，用明确的数字来比较一下，答案就十分明确了。从这两个方案，我们得出这样一个结论，如果要理财，就要趁早，因为越早理财，就能够及早地拥有更多的财富。

这时，可能有人会说，早理和晚理差别真的如刚才计算出的数字那么大吗？当然有。不知道你是否知道数字的"复利效应"，它曾被爱因斯坦称为"世界第八大奇迹"，其威力远远要超过原子弹。所谓的"复利"就是利上有利，复利的计算是对本金以及其产生的利息一起计算，也就是将上期的本利相加的总和作为下一期的本金，所以在计算的时候每一期本金的数额是不同的。这就是为什么从20岁存到30岁的10年储蓄本金最终所得要高于从30岁存到60岁的30年储蓄本金最终所得的症结所在了。

如果你觉得你天生对数字不敏感，对这个概念还是十分模糊，那么，你可以看一下这位财主分配财产的故事。

有一位非常富有的财主有两个儿子。他临死之前想把自己的财产分给他的两个儿子。他出了两个分配方案让他的儿子选择：一是一次性地给1000两白银，二是他每天只给0.1两，但是以后每天给的会是前一天的倍数，如此累加一个月。

财主刚说完，他的大儿子就毫不犹豫地就选择了前一种分配方式，二儿子只能选择后者。财主的大儿子一次就拿到了1000两白银，十分高兴认为自己的财产要远远地多于弟弟了。但是一个月后，他却发现他弟弟的银两已经积攒到了近1亿两了，家中的田地以及牛羊等财产几乎都要归弟弟所有，这时他才拿起算盘来计算父亲当初提出的第二套分配方案，却发现

那不起眼的0.1两银子经过一个月的滚利后竟然是个“天文数字”！

如果让你选择，你会选择哪种方式呢？我想，绝大多数的才女们一定会选择一次性得到1000两白银的那种分配方式吧！因为0.1两的吸引力对你来说实在太小了，小到你根本不愿意再费心去计算一个月后它会变为多少，而且想必大家已经从主观上断定它肯定是“没多少”的了。然而事实却非如此：经过一个月的累加，这0.1两白银在第30天已经超过了1亿两。

对此，你感到惊讶吗？是的，那个不起眼的0.1两白银按这种“复利”方式一个月后，变成了如此庞大的数字。“复利效应”的力量就是这么强大，如果不相信的话，你可以拿起笔来亲自算一下。

尽管“复利效应“是没有将投资的风险与各种复杂的客观因素的影响计算在里面，而且数据中永远不变的”7%“或者成倍数地增加也许是很难实现的，但是这种持之以恒的”以钱生钱“的理财策略所为你带来的财富必定会远远地超过你所估量的范围的。

那些认为自己还十分年轻，就认为理财尚早的“薪”族才女们，可能就是忽略了“复利效应”所对我们生活产生的巨大影响吧？对于才女们来说，“钱”对自己有多重要只有自己心里最清楚，因此，你应该趁着年轻就开始你的财富经营之路，不管是你现在有钱还是没有钱。因为早一天理财就能早一天让自己获得更加稳固的生活基础，也只有稳固的生活基础为保证，你才会拥有享受幸福生活的可能。

“打理财富，赶早不赶晚”并非是一句空洞的口号，而应该立即将它付诸于实际的行动。也许你现在对自己的“月光”生活感觉很惬意，也许你认为自己以后还有大把的青春和时间可以储备足够“过冬的食粮”，也许你觉得凭自己的姿色有“钓到金龟”的可能，也许你现在有一个让你取之不尽的“富爸爸”做后盾，也许你本身已经拥有了超凡的挣钱能力……不管怎样，你都应该及早地为自己以后的生活做好打算，因为你现在不缺钱，并不等于你以后永远不缺钱，能挣钱也并不代表你能在未来能为自己积累巨大的财富，这个世界的变数是如此之大，就连实力雄厚的花旗银行都会破产，可你就凭什么就认为自己一直可以这么顺风顺水、洒脱度日呢？

聪明的女人都懂得未雨绸缪，我们相信每一位都市才女都拥有这样的智慧。所以，趁着自己还年轻，多为未来的幸福做打算。如果你从现在开始踏上理财之路，那么N年之后，在“复利效应”的作用下，你不想成为富婆都难！

想要赚到钱，就要让钱转起来

“马珍只是一个单身小职员呀，收入也不算高，出身也不高贵，父母的工作也极普通。也没有比一般女人更勤俭的习惯，但是她过得生活却十分惬意，她每天只是往证券公司或是银行打几个电话，做做头发，逛逛美容院，就会有大把的钞票进账！唉，真不知道她的增富秘诀是什么？”

“前段时间听她说了，她只是说她自己本身也没什么生意，只是让自己的钱不停地在证券公司转了起来，让钱不停地为她打工罢了！”

从李梦和静雅的谈论中可知，她们都羡慕马珍的潇洒生活。马珍收入也不高，只是让自己有限的钱财不停地转起来，就达到让钱为自己打工的目的了。有些才女可能不太相信，她们会说：“即便每天省吃俭用、日日勤奋的工作，几年下来能攒多少钱？每日往证券公司打几个电话能积累起财富，简直是做梦！”

不过，这的确是事实！钱财与地上的雪球是一样的，如果将它放在地上不动，只能越来越小；如果将它滚动起来，就会越来越大。只要懂得一点资本论的才女可能都知道，钱财流通增利的奥妙就在于它可以创造剩余价值。一个极简单的道理：你用货币去购买商品，然后再将商品销售出去，这时所得到的货币已经含有了剩余价值，也就意味着，你手中原来的货币已经增值了。所以，才女们如果能看准炒股时机，让你手中有限的钱财能够健康地动起来，时间越长，钱财的雪球就会滚得越大，你手中的钱也会变成一棵摇钱树。

也许，许多才女都十分崇尚节俭，都喜欢将自己省吃俭用的钱存进银行，以让它们能够四平八稳地增值。但是你可以想一下，世上有哪个百万富翁是靠储蓄起家的？当然了，我们并不是说储蓄不好，每个人在创业的过程中，储蓄也扮演了十分重要的角色，储蓄的最终目的是为了让你的“雪球”在增大的基础上去滚，是为了增大你财富增长的速度，但是如果想靠储蓄成为真正的“财女”，确实是不太可能的。也就是说，思想保守的理财方法就不会让自己十分有限的财富发挥出它应有的社会效力，只是去勤勤恳恳、辛辛苦苦地攒小钱，不会开动自己的智慧利用小钱去赚大钱的女人，是不大可能能获得大的财富的。

在《圣经·马太福音》中有这样一个故事：有一个主人要外出3年，他走之前就将自己的家业分给手下的3个仆人去管理，并根据仆人的才干，分给他们银子。有一个得到了3000两，有一个得到了5000两，另外一个得到了8000两，分完家业后，主人就外出了。

那个有着8000两银子的仆人就拿着钱去市场上做生意，凭借他的智慧，他很快就赚到了8000两；那个领了5000两银子的仆人则是拿着钱去做各种各样的投资，很快也赚到了5000两银子；但是那个只领了3000两银子的仆人则是个非常胆小，他为了能保住主人的钱财，只是将钱好好地存起来。

3年以后，主人就从外地回来了，他就同3个仆人算账。领8000两银子的仆人拿出自己赚取的8000两银子说：“主人呀，我用你的8000两银子又赚回了8000两。”主人非常高兴，就将他赚取的8000两银子赏赐给了他。他拿着这些银子，置办了田地和庄园，成了一个主人。

领5000两银子的仆人也拿出另外的5000两银子对主人说：“主人啊，我用你的5000两银子，也赚回了5000两。”主人很欣慰，就将他赚取的5000两全部给了他。不久后，他也做起了自己的小本买卖，过上了富足的生活。

最后那个领3000两银子的仆人对主人说：“主人啊，我知道你是个仁慈的人，我将你交给我的3000两银子存起来了，怕运用不当，做生意赔本，我现在一分不少地还给你。”

主人听了十分气愤地说：“你这个无用的懒惰仆人，外面那么多机会，你不去好好利用赚取利润。可见得把你赶出去了。”说着，就夺过他的3000两银子，将他赶了出去。最终，这个仆人饿死在了外面。

这个故事就告诉人们如何去对待自己的财富。要会理财当然要先学会储蓄，这是十分必要的，因为储蓄会让你的财富积少成多，它是你达到财富目标的基本资金。但是，理财也不仅仅只是让你呆板地去储蓄，像守财奴一样守着你的钱财。你什么都不做，只是将自己的固有资本存起来，从理财的角度去看，这是一种极其愚昧的行为。理财就要让你去合理地运用自己固有的财富创造出更大的财富来，如果你只是一味地去储蓄，最终只会被通货膨胀无情地吞蚀掉。

才女在理财过程中，一定要懂得这样一个道理：只要让钱动起来，才能生出更多的钱财来。用有效的方法让你的钱动起来，才能吸引更多的财富，而那些只会死守钱财的女人，她们永远都只会被排斥在财富之外。

巧妙分配你的工资

“哈哈，发工资啦！可是，房贷1500元、水电费300元、用餐费500元、交通费120元、电话费100元……唉，又是一头雾水，每个月发完工资后都计划得好好的，但是到月底的开销总是会超出当初的预算……最终还是要动用家里的储蓄，到头来财务还是一团糟！”

发完工资的玛莎兴奋劲刚过，就为工资的分配而搞得一团雾水，因为她每个月的开支总会超出自己月初的预算，最后，不得不去动用自己的储蓄。由此可见，玛莎是不懂得理财的。对于“薪”族才女来说，合理分配自己的工资是理财的第一步，也是非常重要的一步。如果收入分配不好，那么理财就只能是一句空谈。你要储蓄、要创业、要投资等，这些钱从根本上来说都来源于你的工资。所以，要理财还是得先把自己的工资收入分配好。

那么，有的才女会说，如何分配自己的薪水才算是合理和有效的理财方法呢？看看理财师给玛莎提的建议吧！

根据玛莎每月6000元左右月薪的事实，理财师建议她在每个月发完工资后根据自身的实际生活开销，列一个清单出来，用来应急用的储蓄款、用餐费、零食花费、房租、水电费、电话费、买衣服、鞋子、包包及化妆品的花费、交通费、人情来往消费、学习费（每月买书费用）、旅游费等，只要日常生活涉及的，每一样花费都精打细算，然后按照清单列出的数据严格执行，尝试一个月后，就能感觉到自己的生活变得有规律了。

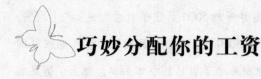

最后，理财师还建议她将剩余的钱放在证券公司做投资，如果能按这种办法执行下去，三年后，她就可以拥有属于自己的一笔固定资产了，就可以开始去实施自己的创业之梦了……

看到了吧，有规划的生活与无规划的生活的差别就是这么大！通过列清单去分配薪水，就是对财务的一种规划。

才女们是否也想让自己的生活变得更有规律呢？是否想早日实施自己的“财女”之梦呢？那么，就按照玛莎的办法，好好地规划一下自己的薪水吧！具体清单怎么列，就要看你自己的实际情况了。但是，一般情况下，才女们的薪水分配项目通常都包括以下几个方面：

第一，储蓄。这是你必须要做的，不管你当前的收入如何，你都必须先强制自己拿出一部分存入银行，这样可以避免自己因为中途手头紧了随意动用，这一部分钱是你拿到薪水后首先付给自己的，可以解决自己的后顾之忧。

第二，口粮。从你的工资中给自己留足口粮是必须的，你得保证自己的温饱不受影响。但是，在分配这一部分开销的时候，必须要明确自己在吃饭问题上的花销究竟是多少，当然还包括你平时嘴馋要买的零食、水果等，还有平时的饮料等一并要算进去。如果你只给自己留饭钱的话，到月底你的实际支出要比预算超出很多。

第三，日常花销。这部分开销主要包括平时的交通费、水电费、燃气费、手机费、宽带费等，只要是琐碎的开支你必须要详细地计算出来，因为这部分支出相对是十分零散的，而且数额一般都较小，所以就容易忽略。这也极容易让你的开支超出预算，一不小心又将预留的生活费都花光了，如果不想再次超支，还是把它们算进你的支出里好。

第四，房租或房贷。如果自己有房子或者“啃老”的才女这项花销就自然可以节省下来了。但是对于租房或自己供房的才女是必须要从收入中支付了，这也是日常开销的一大项。不管你是按季度还是按年交付，你都必须要从当月的支出中预留出来，否则就必然会影响到你以后需要交房租或者还贷时那个月的理财规划，整个理财规划都要打乱或者泡汤。

第五，卡债。信用卡的推出确实方便了许多持卡人，买东西时刷卡大部分美女都不会心疼，偶尔透支一下，也挺爽的。但是，你也别爽过了头，到了该还账的时候就该难受了，不是吗？因此，你的支出里面也应当将你所欠的卡债部分也算进去，你一定要清楚银行的钱并不是好玩的，过期之后的利息可是能吓死人的！当然啦，如果那些从不用信用卡的才女们就可以省掉这一笔开销了！

第六，应酬所需。如果你不是十足的宅女的话，你就少不了这笔应酬开销。平时与朋友、同事在一起吃饭、唱歌、泡吧、买礼物、凑结婚份子……样样都需要钱，因此在准备这笔开销的时候，要先看看这个月有多少人要请、有几个人要过生日、有哪些人要结婚等，先将这些钱预留出来，否则难免会出现“月初花得很开心，月末四处补亏空“的景象。

第七，爱美投资。女人爱美，天经地义。商场里刚上货的新款衣服、鞋子、化妆品、首饰及包包等，无不在诱人地向美女们招手。在这方面，女人的抵抗力是非常弱的，所以说当今中国市场经济如此发达，与才女们的不遗余力的大力支持是脱不了干系的。既然抵抗不住诱惑，那么就没必要非得要在你的收入分配上做什么“贞洁烈女”，你必须先预留出一部分来备着，否则到了忍不住要“败”的时候，你本月的理财计划难保不会因为这笔意外的开支而宣告泡汤。

第八，投资。以上的各种分配你还能有剩余的话，那么恭喜你，你完全可以自由自在、毫无顾忌地将剩余的这一部分拿出来做投资。这些钱是你财富升值的保障，最好拿来投资你自己比较熟悉和十分有信心的领域，而且这些投资所带来的收益最好不要归入你的收入之中以再进行下次的分配。因为那样的话，很有可能会打乱你所有的理财计划，让你以为自己可以有更多的现金进行支配，放松对自己的要求。这一部分收益你最好可以将它拿来继续做投资之用，这样既可以为你带来更多的收益，又不至于让你的收益影响你对自身理财的整体规划。

在理财当中，这些对日常开支的分配被称为分账管理，将不同的生活消费支出分开管理，这样可以加强对自身收支的控制，同时又可以借助你每月收支状况表分析支出情况，调整消费习惯，从而最终实现资金的基本积累。

用以上的方式对自己的工资进行计划与分配后，许多“薪”族才女都会发现，自己单用在消费方面的支出就已经让自己入不敷出了，哪里还有剩下的钱去拿来投资呢？是呀，这是一个极大的问题，不然还是减少自己的储蓄定存额吧？千万不要这样！如果这样的话，你的财富就没有积累起来的可能了，你以后可能要面临更大的生存风险。所以呢，还是减少你的开销吧，学会过简朴的生活，杜绝不必要的日常消费，别动不动就让自己的欲望出来兴风作浪。慢慢地，你就会发现，其实过简单的生活也是一种乐趣。

给自己的财务状况把脉

“我现在穷得都揭不开锅了！急切需要朋友的救援，每个月的工资一发，一溜烟似的就没了，不到半个月，就连吃饭钱都没了！真是惨，每个月拼命工作，到现在却温饱都解决不了，钱到底去哪儿了呢？”

张茗在电话中向朋友吐苦水，每个月的工资花不到半个月就全没了，甚至穷得连饭都没得吃了，在悲叹的同时，她也在扪心自问“我的钱哪儿去了呢？”其实，在现实生活中，很多才女面临着如张茗一样的惨状。

网络上有一项针对年轻人的网络投票：用四个字来形容你当前的财务状况，你是（可多选）：

财大气粗，小幸福 ing，平民百姓，时好时坏，捉襟见肘，一贫如洗，揭不开锅，财政崩溃，经济危机，破产重组，穷困潦倒，等待支援，穷啊穷啊……

有三万人参加了投票，最终最后两项为“等待支援”和“穷啊穷啊”的支持率最高，其投票率超过了半数以上，而“财大气粗”和“小幸福 ing”的投票率相对是最低的，两者加起来投票率也不过一千多一点而已。

对于此项投票活动，人们的点评是：不管是发起人还是参与者都是非常有“娱乐精神”的，不仅娱人又娱已，将自身的财政问题用幽默的语言吐露出来，也算是苦中作乐吧！网上投票的形式虽然不够专业和严谨，恶搞的成分也不能排除，但这多少还是能反应出现代人在财务方面的窘境。

从这个投票的结果我们不难看出：如今，大多数人的日子还是不好过的，不然大部分人也不会站到“等待支援“的阵营里大呼”穷啊穷啊“。大家不好过的原因又都是什么呢？各有各的说法，但是其中一点也必然与自已的吃穿用度没有盘算好或者是不懂节制有关。对此，你是否也有同感呢？

如果真的是这样，那么你该对自已或家庭的财务现状进行分析了，这是理财过程中一个十分重要的环节。财务状况不明就没有办法对自己的收入与支出做出相应的合理有效的分配，也就是说如果对财务不明确就算你的薪水再高，收入再多都有可能会出现个人财务危机。

资产负债表、现金流量表、损益表，这是企业不可或缺的三张财务报表。虽然个人行为要比企业行为看起来简单许多，但是如果将“吃穿住用行”要全部地打理得井井有条也不比企业简单多少。所以，聪明的才女们不妨向企业取取经，尽快地建立起属于你自已的财务报表，它能够帮助你有效地梳理个人或者家庭的收入、支出与负债情况，可以更为清晰地反映你当前的财务状况是否存在着危机。

至于具体的做法，理财专家也给出了以下五个财务指标供大家去参考：

第一，负债比率。负债比率是指你的负债总额与个人总资产的比值，是衡量个人财务状况是否良好的重要的指标，这时你可以盘算一下：负债总额/总资产 = ？如得出的结果大于或等于0.5，那么就表明你的财务状况出现了危机，就有可能出现由于你的流动资金不足而出现的财务问题。

第二，个人偿付比率。偿付比率是净资产与总资产的比值，它主要反映的是你的个人财务结构的合理与否。现在，你可以按照下面的公式计算一下：净资产/总资产 = 偿付比率。通常情况下，偿付比率的数值变化应该在0～1之间，以0.5最为适宜。太高或太低都是不稳定的表现，如果太高的话，说明自身没有将自己的信用额度充分地加以利用起来；而太低的话则说明你的生活很可能是在靠借债来维持。

第三，负债收入比率。负债收入比率是指到期需要支付的债务本息与自身同期收入的比值，它主要衡量了一定时期内你的财务状况是否良好。你也可以计算一下自己的负债收入比率：每年偿债额/税前年收入 = 负债收入比率。一般情况下，负债收入比率数值控制在0.5以内是最为安全的，如果比值过高的话，就说明你在借贷融资时会出现一定的困难，银行很可能不愿意将钱借给你。

第四，流动性比率。流动性的资产主要由你当前的现金、银行存款、现金等价物及货币市场基金构成，是在未发生价值损失条件下可以立刻变现的资产，流动性比率反映了你支出能力的强弱，你现在可以计算一下你的流动性比率：流动性资产/每月支出 = ？对才女个人而言，流动性资产应该能够满足自身3～6个月的日常开支。如果你的流动性数值很小的话，你可能就会为生活而担忧，如果流动性比率较大的话就可能会影响你资产进一步升值的潜力，因为流动性资产本身的收益就不高。

第五，投资与净资产比率。它是个人投资资产与净资产的比值，反映了你通过自身投资提高净资产的能力，其计算方法为：投资与净资产比率＝投资资产/净资产。理财专家指出：其投资与净资产的比率数值应该保持在0.5左右是比较合适的，这个数值既能够使你保持适当的投资收益，又不会将你推向高风险的边缘，对才女们来说是比较合适的。

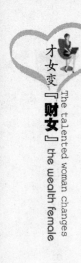

好了，你可以将这五项以表格的形式填写出来，然后结合数据分析，看一下你的财务是否存在着危机。如果存在危机，才女们就要想办法去优化自己的财务状况了，尽早地将自己的财务纳入到更为合理的轨道上来，相信不久的将来，你就可以看到它为你所带来的巨大收益了。

分清良性负债与不良负债

“最近特烦，上个月刚刚买了房子，为付首付，掏空了父母的钱不说，还欠下了许多外债。负着这么多的债去过生活，觉得自己都快喘不过气来了！早知道要负这么大的压力，当初宁愿自己不买那套房子……唉，还要及早地还清银行的贷款……越想越后怕！”

“其实你无须有这么大的压力，你的负债情况属于良性负债，你借钱买房是一种投资行为，几年后房价上涨，还会给你带来不小的收益呢！”

王倩因为负有太多的债务而背上了极大的精神负担，于是她下班后去找理财师寻求解救的方法。听到理财师那么说，她才松了一口气。其实，王倩的行为反映了中国人普遍都不愿负债的心理，无债一身轻嘛，不到万不得已，都不会去借债的。

其实，有时候也大可不必为自己的债务过分地担忧，因为债务也有良债与不良债、好债务与坏债务之分，先从良性债务说起吧。

良性债务用英语表达为“healthy debts”，即健康的负债，也就是能够给你带来资产的增值或收入的债务，即便是它不能立即增值，但是它在一定的时间内会给你带来惊人的收获，这种债务就是良性的债务，它其实是在利用别人的钱为你自己积累财富，使你的钱包变鼓。

艾琳通过银行贷款购买了个铺面，其主要是做投资用，艾琳购买后就将铺面出租出去，每个月可以获得4000元的房租收入。但是，她每个月给银行的贷款为2000元，剩下的2000元就是艾琳通过银行贷款买房所获得的收益。艾琳虽然也负债，但是日子过得却十分惬意，每月按时去收租，根本不用为房贷担心。

从艾琳的情况我们可以看出，欠债也不一定是坏事情，因为它可以通过一定的途径增加你的财富。其实，现在发展势头很好的大公司、大企业，还有做大生意的人，都会去借债。他们会最大限度地利用自己的信用额度，用借来的钱为自己增加收益。这样不仅仅能够扩大自己的规模，而且也能够让自己的资产不断地升值，何乐而不为呢?

良性债务可以让你借鸡生蛋，使你的钱包鼓起来，而不良债务则恰恰相反。不良债务就是要用你自己的血汗钱支付的债务，它会让你的支出加大，让你的钱包变瘪，用一句话概括就是：不良债务会吞噬你的现金流。

为此，在借债的时候一定要清楚自己借债的目的，并且尽量地要将不良债务转化为良性债务，否则，你就有可能因为不良债务而背负上极其沉重的负担。在外企工作的汉纳最近比较烦，因为沉重的债务负担已经几乎将她压得喘不过气来。

汉纳在一家外资企业做人事经理，每月的收入近8000元，而丈夫的收入每月大概有4000元左右，他们家庭的收入加起来每个月达到1.2万元。这样的收入在当地还算比较不错，因此，刚结婚不久，他们小两口就买了一房一车，只不过，房与车都是通过银行贷款买的，每个月他们要偿还的

房贷金额达到7000元，因此其家庭负债率高达66.7%，但是由于两人的收入都不错，日子依然过得挺滋润。

但是，天有不测风云，丈夫却突然失业了，家里的收入一下子减少了4000元，他们除了每月要还贷款，可供他们支配的收入还不到1000元。如此一来，他们的日子就过得紧巴巴的，汉纳在百般无奈之下，只能将自己的房子出售出去，与丈夫去租便宜的小房子住。

汉纳的家庭负债就属于典型的不良债务，尤其是贷款买车更是十分不可取，因为车一买回来就已经贬值了。再来说说房子，同样是买房，汉纳却远远没有艾琳过得惬意。这是因为，她贷款买回来的东西不是资产而是负债，所以她的贷款就属于不良债务。不少家庭都认为房子是自己的一种资产，是可以变成现金的，但是就算是变现，也是需要一段时间的，房子不可能在较短的时间内卖出去，而你的现金流却会因此而被吞噬。

好啦，可爱的才女们，你们现在应该可以分清楚自己的债务哪些是良性债务，哪些是不良债务了吧？只要分清楚这些，你就可以避免犯汉纳的错误了。与此同时，你还可以想办法让你的钱再去生钱，利用银行的钱帮你去赚钱。瞧，这个主意很不错吧？那就别等了，赶紧行动吧！

第四章

提高财商，下个“财女”就是你

具备了较高的财商，能让你在创富的道路上游刃有余，能让你对财富的渴望变成希望，希望变成现实。有了较高的财商，能让你拥有更旺的人脉，能让你更敏锐地嗅到创富的机会，能让你在创富之路上大胆向前。为了更快地实现你的财富目标，从现在起就开始努力提高你的财商吧！

挖掘和提升财商，坚持到底

“我自己在7岁的时候就会用自己的劳动赚钱了，只是编织些手工用品去为自己赚取一些零用钱——而事实上这些做法并没有人来告诉我，完全是自我意识！”

凯特对她的朋友说，自己在7岁的时候就开始为自己赚取零用钱了，而且完全是出于自我意识。其实，这就说明人都是有很好的创富能力，也就是所谓的财商，只是没被挖掘出来罢了。有的才女这时可能会问：我只知道智商和情商，财商具体是指什么呢？

“财商”顾名思义就是一个人在财富方面的智商，英文表达为 Financial Quotient，简称 FQ，它与智商 IQ、情商 EQ 并驾齐驱，被称为现代社会能力三大不可或缺的素质。FQ 是一种理财的智慧，表现为一个人认识金钱和驾驭金钱的能力，这种能力又包括两个方面：一是正确认识金钱及其规律的

能力；二是正确运用金钱及其规律的能力。它反映了人作为经济个体在经济社会中的生存能力，所以在人类生存和发展中是不可或缺的。

财商是一种强大的创富力量，它可以让你的财富从无到有，从小到大，从大到强，大部分富有的人都是高财商的人，即便他们的学历很低，出身贫寒。

白荫家在农村，姊妹很多，算是贫穷之家。她个人没有上完小学就回家帮父母干农活了，后来她到一家染织厂，在灯芯绒生产线上工作，灯芯绒也就是老百姓常说的条绒布。

在白荫的车间中，有一道刷绒工序，绵布经过齿轮挤压可以刷下大量的棉布，最后变成一个棉球。白荫发现厂里有许多职工都用这种棉球去枕芯，枕起来也非常舒服，但是厂里平时却将这些棉球都当废品扔掉了。白荫想，如果拿它去做枕芯卖，岂不是能变废为宝。

随后，白荫就尝试着拿棉球做了几个枕芯，拿着去了城区的两个大商场。商场老板看到她的枕芯做工精细，当场就要了货，尽管只是代销，但是让白荫找到了创富的良机。当时白荫算了一下，做一个枕芯的成本大概只需2元钱，卖价为10元，利润是十分可观的。两天卖出去了10对，白荫共赚了几十块钱，很是兴奋。于是，她就产生了回到家中专门做枕芯的念头。

白荫从小就会使用缝纫机了，她就借钱租了3间平房，开始了自己的创富之梦。她每天到原来的染织厂里帮忙清理棉球，再运回自己的工厂开始生产。加工枕芯很简单，她一天能做30个左右，后来还雇用了几个人一起做，而且在商场里的销售量很好。接着，她又联系了几家大的商厦，也为她代卖。后来，她又改变枕芯的工艺，放一些海绵在中间，使枕芯变得更富有弹性。同时，她又给枕芯起了一个名字“好梦枕”，又打上广告语“枕好梦，好梦自然来”，然后又附上说明书，再用一些包装材料一套，就成为一个商业成品了。当然在这个过程中，白荫变废为宝的举动也的确为她带了十分可观的利润，她还不断地更新工艺，推出了一系列的床上用品，如今她已成为全国闻名的创业明星了！

白荫能够将工厂中的废品变成商品，为自己赚得财富，说明她具有极高的财商，而她所获得的财富正是自身的财商所带来的。财商的创富力量是巨大的，所以，才女们要想创富，就要努力去挖掘和提高自身的财商。有些才女可能会说：我没发现我有什么财商，我如何去挖掘或提升我的财商呢？好吧，如果你认为你的财商不够高，不妨从以下四个方面开始入手：

首先，掌握财务知识。才女们虽然对数字不陌生，但是可能会不太敏感，但是，你一定要让自己敏感起来，因为你的财富就是用一个一个的数字来计算的。尽管财务报表比言情小说和偶像剧枯燥得多，但是如果你想让自己拥有更多的财富，这些知识你就必须掌握。

其次，熟悉投资战略。“用钱生钱”说白了就是一种投资的科学战略，如何让自身少量的财产繁殖衍生出更多的财富，就需要依靠有效的投资来实现。而投资战略的部署直接关系到你投资的成败与否。所以对于投资的战略，才女们一定要熟知。

再次，了解供求关系。这不仅仅是针对做生意而言，理财同样需要你用市场的眼光去审时度势。只有你足够了解市场的供求关系，才能让自己的投资方向更加明确，比如你的股票和基金应该投入哪个领域。

最后，遵守法律法规。想让自己的理财计划在正常的范围内不会受到各种干扰和利益的侵害，就要了解理财的各项法律和规章制度。既能拿起法律的武器保障自己的权益，又可以在制度的保护下让自己的理财之路更加顺畅。尤其是“新手上路”，只有乖乖地遵守“交通规则”才能让前方的道路畅通无阻。

这四个方面是理财的一个必经过程，也是挖掘和提升你财商的一个重要步骤，只要你掌握了这些基础的知识，你才不会像一个无头苍蝇那样到处乱撞，才能让自己在财富的王国里面如鱼得水，更加有效地利用你的金

钱，成为自身财富的主宰。

另外，提升自身的财商不仅仅要懂得这些财务知识，还要坚持去理财，只有持之以恒地投入到理财的实践中去，才能让财富的雪球越滚越大。因为财富就像流水，只有做到细水长流，才能达到滴水穿石的效果。心血来潮、一曝十寒的理财态度是万万要不得的，它不仅会使你刚刚聚敛起来的财富迅速消散，重复的次数多了还会打击你的理财积极性。长此以往，财富便只会在你身边打转绕弯，然后流进别人的口袋里。到时候你就只有束手无策、干跳脚的份儿了。

才女们如果已经将理财计划提上了自己的日程，并且是抱着积累财富的巨大决心，那么就不要三心二意。不要妄想自己能够一夜暴富而好高骛远，这只会让你对当下的财富积累速度异常失望，进而打消你理财的积极性，毁了你未来的财富。你要做的是每天不间断地投入，虽然开始的时候会有一些难度，而且增长的缓慢很有可能让你失去对它的兴趣和耐性，但是只要你肯坚持下来，将它作为自己日常生活的一部分，总有一天你能看到它带给你的巨大惊喜。

不要去艳羡那些拥有巨额财富的世界级富豪，他们当中大部分人其实和你一样都是从一点一滴开始积累的。不同的是他们成功了，而他们成功的最重要的原因，并不是他们具有更高的IQ，而是他们具有更高的FQ，并且将其发挥到了极致，这种发挥的过程就是“坚持”。如果能够做到和他们一样的坚持，就算成不了“大富豪”，当上“小财女”还是绰绰有余的。

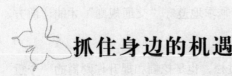

抓住身边的机遇

“都说成功必须是要有机遇的，但是我怎么没碰到过机遇呢？我工作几年积累下了些资本，本想着要摆脱打工族的生活，但是现在机遇总不垂青于我，我又能怎么办呢？看来，我的打工生活可能还要持续几年喽！”

刘青在朋友面前这样哀叹道，她准备好了创业的资本，想尽早地摆脱打工生活，但是却因为上天总不给她好的机遇，只好打算继续自己的打工生活了。机遇果真如刘青所说那么难以遇见吗？事实并非如此，其实商机就在她的身边，只是她不善于去发现罢了。每个人的周围都有很多机遇，要想得到机遇，关键是你愿不愿意开动自己的脑筋去思考，能否将潜在的商机挖掘出来，将之变成看得见的财富。

对夜里的打鼾声许多人都会习以为常，但是，澳大利亚的荣地查兰却因为丈夫夜里的鼾声而得到了巨额的财富。

荣地查兰的丈夫每天晚上鼾声如雷，为此荣地查兰也苦恼过，后来就引发了她要制作“夜安枕”的念头。晚上在丈夫打鼾的时候，她很仔细地观察丈夫睡觉时头部与颈部的位置，并认真地将其描下来与平常人进行对照。经过较长时间仔细地研究，她发现打鼾者均与其睡觉时头、颈、肩部的角度有关。在此基础上，荣地查兰就设计出了“夜安枕”。设计这个“夜安枕”的目的在于让使用者不论是侧睡还是仰卧均能够保持气管呼吸的顺畅，经过试用与改进后，这个新产品便正式地投入了市场，受到了世界各地人们的欢迎，荣地查兰为此得到了一笔巨额财富。

对许多人习以为常的打鼾声，荣地查兰却能以此为启发，发明了“夜安枕”，最终不仅收获了成功而且也收获了巨额财富。她的经历告诉现代才女这样一个道理：我们周围不是缺乏机遇，而是缺乏发现机遇的眼睛，如果你能够开动脑筋，善于抓住身边的机遇，你就能够抓住自己想要的财富。

其实，那些觉得机遇不垂青于她的才女，最大的问题就是搞不清楚自己到底要做什么，由于思想上没有一个明确的创富目标，所以很难决定自己下一步要做什么，只能坐在那里傻傻地等待机遇。然而，商机并不是光凭等待就会来的。如果你具有发现机遇、抓住机遇的素质，即便生活中没有商机，自己也可以创造出商机来。

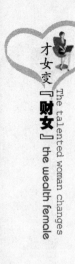

凯佳原本在上海的一家外企工作，年薪10万元。中午她趴在办公桌上休息的时候，忽然就发现了一个商机：一些高层白领最缺乏的就是忙里偷闲地多休息一会儿，以舒缓疲惫的身心，但是公司是不可能放几张床让你休息的。于是，她就想自己能够开个小旅馆以满足这一部分人的需求，以给那些身心疲惫的人提供暂时休息的场所。

很快，她就辞掉了年薪10万元的工作，专心地去发展自己的创意。最早她在外企公司旁边只开了8个房间，每间房每小时5元，起名字叫“睡吧”。然而，最初的生意不是十分好，但是经过不断地琢磨，她就根据职场人士的真正需求，将“睡吧”改造成了家庭卧室般的模式：有素雅的窗帘，有温暖的壁灯，床头柜上摆着各种休闲杂志，还可以戴上耳麦欣赏音乐等。

自这以后，她的生意突然就好了起来，睡吧的预订电话也被打爆了，因为床位供不应求，她借钱将面积又扩展了200多平方米，并且按照配套设施分出高中低档，不同档次有不同的收费标准。之后，她的睡吧又拓展了“催眠”等业务。再到后来，有人出资找她合作，如今她每年可获得100万元的收入。

机会偏爱那些有心人，也会垂青于那些懂得追求它的人，也喜欢有理想的实干家。倘若你饱食终日、无所用心，或者一处逆境就悲观失望、灰心丧气，那么机会是不会自动来拜访的。因此，要想拥有更多财富的你一定要尽力去做一个有心人，勇于去发现机遇，尽力去做一个实干家。

女人都是心细敏感的，但是光有细腻的心思还不够，关键还要有善于发现商机的慧眼，愿意开动脑筋去思考，将潜在的商机挖掘出来，变成看得见的财富。不要拿自己的学历不够高、见识不够广当借口，哪怕你只是一个普通的家庭主妇，只要你有心，单从每天的做菜中也可以发现不少赚钱的商机。

许多人因为一次偶然的机会，引发了伟大而深刻的发现，成为功成名就的科学家；还有很多人因为一次悄然而至的机会，大展才华，干出了一番惊天动地的事业，从而名垂青史……可见，要拥有财富，拥有独特的眼光、敏锐的观察力与准确的预见能力是不可缺少的，想别人所不敢想，为别人所不敢为，大胆创新，去寻找一片新的天空，开拓一片新的领域。出色的经营需要有别具一格的创意，需要独辟蹊径，需要在被别人忽略的地方开创出一条崭新的道路。

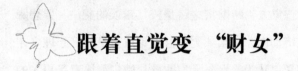

跟着直觉变 “财女”

“当初只是凭着直觉在这个地方开店，没想到真赚到钱了。平时都很相信自己的直觉的，但是没想到直觉也能够给自己带来财富！”

韩茵这样与朋友分享自己的快乐，她是一个十分相信自己直觉的人，但没想到的是直觉还能给自己带来财富。女人的直觉就是这么神奇，它会在不知不觉中以最隐秘的方式去提醒才女们，让她们获得正确的判断，最终获得财富。

玛特是个全职太太，有一次她在商场买调味品时，发现醋的品种十分齐全，而且醋也具有美容防病保健的功能。如果将它深加工以后，可以开一个如酒吧、咖啡吧那样的醋吧，一定能够吸引很多人。于是，凭着直觉，玛特觉得这是一个有利润可图的商机，经过深入地调查之后，她的醋吧就

开张了。

在她的醋吧里，既有各种花色的醋品饮料，又有以醋调制的鸡尾酒，再加上醋吧里幽雅的环境，浓厚的文化氛围，消费者络绎不绝。经过她细心的打理，她的醋吧成为继酒吧、茶吧与咖啡吧之后都市的一大新时尚，生意火暴，财源滚滚。

玛特能够从厨房中寻找到商机，获得财富，凭的完全是自己的直觉。是的，直觉是上天赋予女性的特殊权利，在遇到一些事物的时候，她们一般不用靠逻辑去推理，单凭自己的直觉就能够准确地看透。因此，她们也能够以自己特有的直觉很容易地捕捉到发财的信息与致富的机遇，也最能够寻找到打开财富之门的钥匙。

有的女人会说，光凭直觉去判断财富之路是极其错误的想法，要想赚钱当然是需要会去分析经济动向，必须依照经营理论或者是经营心理学才算是科学的。不过，心理学家认为，女人天生敏感，她们很愿意花更多的精力去记忆事物的细枝末节。当这些细节与惯例不符时，她们就会动用联想，集中精力对这些“异常情况”进行类比与分析，善于观察让她们产生了十分奇特的判断力，这种判断力足以使她们能够取胜，这便是直觉的巨大力量。

其实，判断一种事业能不能赚钱，是无法用数字计算出来的，如果能够在参考一定资料的基础上再依靠直觉去判断，或许就能够快刀斩乱麻，迅速地克敌制胜。

能干的琪涵是一家人事顾问公司的行政部经理，年薪5万美元，属于标准的“白领阶层”。从薪金收入来说，已经相当不错了。但是，在老板的重用之下，琪涵工作十分辛苦，根本没多少时间来陪她正在上幼儿园的小女儿。她常想什么时候能有一家自己的公司就好了。

有一次，在她女儿生日那天，她从百忙之中在百货公司选购了一只玩具熊寄到幼儿园中，希望能给女儿一个惊喜。但出乎意料地是，其他孩子的家长与老师看到她女儿从天而降的玩具熊时，都感到很兴奋。琪涵灵机一动，相信这是一个创业的好机会。

为此，她凭着自己的直觉，毅然辞去了工作，开始了她的创业挑战。她说："我曾经也不知道是继续给别人打工还是要自己去实现这个创意，但是经过思索，最后还是打算辞职去创业。既然人们对突如其来的玩具那么兴奋，那我觉得这个行业肯定能够赚大钱。"

就是凭着这种直觉，她首创了美国第一家玩具熊速递服务公司，在一年之后，她的公司便做了500万美元的生意，她也就成为商场上人们津津乐道的女强人。

琪涵发现商机后，也曾经犹豫过，因为创业就意味着要面对更多的风险，但是，她最终能够凭借自己的直觉，辞去了工作，去创业。

从某种意义上说，任何一种以赚钱为目的的商业活动，都是带有一定程度的风险的，这时候考验的就是人们的判断能力。不但要有理智的分析能力以及广博的学识，还需要在紧要关头，能够拥有准确的直觉，这样往往可以帮助你化险为夷，取得更大的财富。许多取得了成功的大富豪，都是坚信直觉的力量的。

海尔总裁杨绵绵在直觉方面就拥有超越常人的敏感力，有人形容："她拥有无比强大的个人能力，有惊人的远见，更有巨大的心灵力量。"正是在这种超常直觉的指引下，她给海尔注入了鲜活的管理理念和管理思想，她的坚定最终将海尔推向了世界。对此，她说："当你的直觉告诉你做一件事情有利的时候，你就不要去随波逐流，听从别人的闲言，按照自己的判断迅速行动，这就是我成功的秘诀。"

所以，才女在创富的过程中，一定要相信自己的直觉，当赚钱的机会来临的时候，不要犹豫不决，凭着自己的直觉，摆脱优柔寡断的状态，向着自己的梦想前进。

有人脉的女人有财路

一次同学聚会上，悠然发现昔日的老同学开了一家外贸公司，而她所做的工作正是同外贸公司打交道。悠然把握住了那次机会，借助老同学的关系做了一笔大生意，此后又通过同学的人脉网和其他几家贸易公司建立了合作。悠然不仅在几单生意中赚了一大笔钱，也从一个普通的业务员升到了主管的位置。

悠然在同学聚会上发掘了人脉，又借助老同学的关系拓展了更广阔的人脉，进而让自己的收入不断攀升，并顺利升职。她的经历给都市才女们提了个醒：在这个信息异常发达的时代，拥有无限发达的信息，就拥有无限发展的可能性。信息来自你的情报站——人脉网，也就是说人脉有多广，情报就有多广，人脉可以为你带来财富。

“人脉就是钱脉”已成为一个不可磨灭的真理，女人要赚钱，也就一定要营造一个能帮助自己成功的人脉关系网。拥有一个良好的人脉关系网，能够使你的个人职业生涯与生活更容易获得成功，也可以为你带来更多的财富。所以说积累丰富有效的人脉资源是我们到达成功彼岸的最有效的捷径，是一笔看不见的无形财富，是一种潜在的资产。

从表面上看，人脉不是直接的财富，但是没有它，你就很难再聚敛财富。在谈判的时候，尽管你有非常扎实的专业知识和雄辩的口才，却不一定能够成功地促成一次商谈。可是，如果有一位关键人物协助你，能为你开开金口，相信你的出击一定会完美无缺，百发百中！是的，这就是人脉的力量。红杉的生长特性就可以用这种力量来形容。

红杉是世界上最高大的植物，它生长在美国加州，最高的可达90米，相当于30层楼的高度。令人惊异的是，红杉属于浅根型植物。有人提出疑问，长得如此高的植物，怎么会有这么浅的根呢？

其实，红杉的生长是大范围的，也并没有单独的红杉能长得这么高。大片的红杉长成一片森林，它们的根在地底下紧密地相连，形成根网，这大片的根网正是它们生长的支撑，也是红杉长得如此高大的原因。这相互牵连的根，如果不是可以掀起整块地皮的狂风，是无法让任何一棵红杉倒下的。

从红杉的生长特性可以看出，正是树与树之间的互相帮助，才让它们屹立于风雨中成为参天大树。这与我们在社交中互相帮助有着异曲同工之处，一个人如果能够多交朋友，广结善缘，互通有无，快速而大量地吸收各种信息与养分，不仅可以在遇到狂风暴雨时有支撑的力量，而且也能长得更高、更壮。

你可以试想一下，如果你的人脉之中有达官贵人，那么你遇到困难时就会有人为你铺石开路，两肋插刀；如果你的人脉之中有平民百姓，当你遇到喜乐尊荣时，有一定会有人为你摇旗呐喊，鼓掌喝彩，这时你就会感受到人脉的力量有多么巨大了！

同样，对于一个都市才女来说，你的交际范围越广，你成功的机会便会相应地增加，如果你希望自己能够早日成功，就必须要具有良好的人脉。在生活中，许多人所谓的"走运"多半就是由良好的人际关系网展开的，能认同你的做法、欣赏你的为人的贵人，也一定会在将来的某一天为你带来好运。

在一家著名企业做保险业务的珊珊这样与朋友分享自己的成功经验："我原来只有10位客户，我非常珍惜这10位客户，很用心地为他们提供周到而亲切的服务。后来，这10位客户就陆续给我介绍了另外的客户，我的

客户就更广了，后来发展到了上百个客户，大都是原来的老客户帮我介绍的，使我的收入不断地攀升……"

看完姗姗的成功经验，你应该明白，人脉资源越丰富，赚钱的机会就会越多，人脉档次越高，你的钱就会来得越多、越快的道理。因此，你就要注意在平时的生活与人际交往中重点把握、打理与培植你的人脉，因为有了他们，你赚钱所需的资金、技术、渠道便唾手可得。美国人有句名言这样说："二十岁靠体力，三十岁靠脑力，四十岁以后则是要靠交情了。"由此可见，人脉资源在你的一生中扮演着非常重要的角色。在中国，人脉资源则显得更为重要，如果你想获得事业上的成功，尽早地获得财富，就必须尽早地为自己建立人脉资源网。

那么，有的人会问："我如何去把握、打理与培植自己的人脉呢？"

这就需要追求成功的人尽早地建立起自己的"朋友档案"。当然啦，朋友档案并不是要记那些你相当熟悉的朋友，其原因在于你熟悉的朋友你都会时刻想起他们，而那些有过一面或几面之缘的人则是你记录的主要对象，特别是那些在应酬场合认识，只交换名片，谈不上交情的"朋友"。对于这种"朋友"，你可千万别把他们的名片全部丢掉，而应该在名片中尽量记下这些人的特征，以备再见面时能够"一眼认出"。这样做只有一点，将他们的名片带回家中，要依姓氏专行、行业分类保存下来。当然，不要去刻意地和他们结交，但是可以借机在电话中向他们请教一两个专业性的问题，话里自然要提一下你们碰面的场合，以唤起他对你的印象。有过"请教"的历史，他对你的印象肯定会加深一些，这样一来，等到了真正请教他的时候，可能就能"派上用场"了。

墨守成规，不是最安全的活法

“听说了吗？黄英在上海刚开了自己的服装公司，可真是赚了大钱了。”

“她可真了不起，向来就爱折腾，从来不按规矩‘出牌’。如今真折腾出样子来了。唉……和她一同毕业，我们就会中规中矩地上班，到现在还是一穷二白呢。”

从玫蕊和向楠的对话中看出，她们是羡慕朋友黄英的。黄英爱折腾，不墨守成规，最终赚了大钱，而她们因为太规矩到目前还是一穷二白。在这里，才女们在感叹两种女人不同想法给她们带来不同命运的同时，是否能从中发现这样一个道理：越是想安于现状，可能就越不能安于现状，因为各种各样你无法预料的因素会使你的周围充满风险。但若能有坚定的、奋发向上的信念，就能敢于冒险、敢于承受岁月的风风雨雨，也就才有可能拥抱令人羡慕的成功。

在现实生活中，有些才女很想拥有财富，但是她们只将失败得失看得比什么都重要，战战兢兢，不敢越雷池一步，表面上看起来是最安全的、最平稳的，但事实上却是最不安全、最不平稳的。因为时代在前进，各种偶然因素会使你的周围潜伏着危机。

如果你还没能感觉到墨守成规给你带来的危机，那么，就先看一看下面的这则故事吧。

有一个小村庄，村中的人世世代代都以种植玉米为生，由于缺乏交通工具，村民们的玉米大都到当地去卖，一亩地的收成只有800元左右，去掉成本也只有200元的利润。一家农民经营5亩地，一年全部的收入仅能达到1000元左右。而如果将这些玉米运到大城市去卖，每斤至少能赚1角钱，每次运5000斤的话，他能赚500元。从村庄到某市两天跑一趟，那么这个农民四五天的利润就是他家以前的全年收入。

但是，这个村里却没有一个人愿意把玉米运到大城市去卖，因为他们自己没有车，如果雇车的话，去掉车费加上吃住也不赚钱，还不如在当地卖，这样既省力又省心。那为什么不买一辆车？他们说没钱，村子中共有一百户人家，一家拿一百总可以买一辆拖拉机了吧！但是他们谁也不愿意相信谁，运完粮怎么办？半路上如果出车祸怎么办？税收及车的保养费谁来拿？……反正大家担心的问题太多了，正因为这样，这个村庄每年都要失去10万元的利润，10万元对于这里的人来说，是个天文数字。因为许多不值一提的问题，宁可把这天文数字送给别人也不留给自己，这或许就是典型的穷人特色吧！

这个故事听起来像个寓言故事，也许你会以为现实生活中哪会有这种胆小怕事，面对眼前的肥肉都不敢去吃的人。其实，在现实生活中，有类似思想的人比比皆是。有的女性一直都过着“三不主义”路线：不积极、不尝试、不改变的生活方式，表面看起来，这是最太平、最安全的生活方式，但是这样的生活哪能给你带来财富呢？靠你每月的薪水吗？当然不行，试想一下，哪个富翁是一直靠每月的薪水发家的？富翁之所以成为富翁就是因为他们不断去尝试、去折腾的结果，那些只会墨守成规，安于现状的人不仅不能得到财富，而且也会被社会所抛弃。人的大脑是一个制造模式的系统，如果你只按照最简单的形式去行事，它就会依赖于那种简单的行事模式，最终当机会真的来临时，也不会有突破。

在人的日常活动中，90%的动作都是人们因长年累月重复而形成的惯性，也就是说，人们在从事这些动作的时候，是在不用思考的情况下自动产生的。这些行为的惯性会将人拘禁于一个谨小慎微的牢笼之中，使人在遇到大事的时候如履薄冰，想获得财富但是又害怕遇到风险，想投资但又害怕赔本，很多时候还是选择放弃，使财富白白地流失掉，如果在充满风险的社会中生存最终也会被社会所淘汰掉。

据社会学家们预测，未来的社会将变成一个复杂的、充满不确定性的高风险社会。要想在这样的社会中获得财富，才女们必须要树立不怕失败的信念，果断地作出决定，投身新的环境，去发挥自己的全部才能。如果你拥有这种不怕失败、勇于向前的态度，就拥有了阻止失败的防护墙，因为这种态度足以为你抵挡住商海中的风云变幻，最终让你获得成功。

Part 3 瞧，小才女的大“钱途”在这儿

要成为“财女”，就要学会赚钱，而才女赚钱的渠道无非两种：工作与创业。只要才女们肯开动自己的智慧，善于抓住有利的机会，善于挖掘自身的优势，就能点亮自己的财富梦想，就能找到自己的大“钱途”。

第五章

“谁”能给你财富

通往财富的道路有无数条，关键是看你能抓住哪一条。现代多数才女都有文化，有智慧，有才能，如果能利用和抓住这些因素为自己创富，将会使自己的财富之路得更加顺畅。

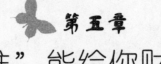

用“知本”创造“资本”

“唉……如果再不去学习深造，可能真要被社会淘汰掉了呀！你们听说了吗？最近公司要引进国外一种新型的先进仪器，要派那些有资历的并且有硕士学位的人到国外进行学习，回来后可能要成为公司的主要骨干分子了，听说年薪能涨到30万的……”

午饭的时候，赵君向同事们传达这个小道消息，公司要派一些有资历的高学历人员到国外去深造，而且年薪能涨到30万。话语中带着羡慕与渴望，每年30万的收入，是她做梦都想得到的，但是，这样的机会只有那些资历高的人才可以拿得到，这就是知识的力量。

在现代社会，靠知识赚钱已经成为各界人士的共识。也许有的才女会说，有的人靠运气也可以创富的。运气的确是可以给自己带来财富，但是运气只能给人带来一时之利，而财富之路是一个非常漫长的过程，就像一场马拉松比赛，没有实力的人，很快就会被淘汰，最终获胜的人往往是那些有“知本”、有智慧的人。

在通往财富的道路上，知识的作用是巨大的，特别是那些专门的知识，而这些专门的知识很大一部分要在社会这所大学里才能学得到。那些没有读过大学的人，并不等于没有知识，这里所说有知识，并不仅仅是指那些书本知识，一些资源、手段、本领，主要指的是一种能力，一种根本，一种基本，一种内核力量。在现代社会中，知识是创造财富，推动经济增长的主要动力。所以，才女们只要认真地掌握知识，有效地利用知识，就能走上致富之路。

杨振华小时候是个“病秧子”，苦药遍尝，因而从小就立下志向：要开发出一种好吃的药。于是她不断摸索，在数年后终于取得了可喜的成果：她运用自己的专长所学，在实验室里采用生物工程方法对普通的黄豆进行了独特的深加工，开发出含有20种人体必需的生命氨基酸的营养液。新开发出来的营养液虽好，味道却极其难闻。杨振华不甘心，却又无可奈何。她暗地里悄悄地把这种营养液夹在糖里、饼子里送给同事们吃，看他们的反应，结果人人都感到“精神倍增，状态甚好”。

两年后，她辞去了农科院的工作，只身下海想将这种新产品推向市场。可是一个文弱女书生，何曾上过市场、搞过经营，勇气可敬，经验却近乎等于零，因而久久打不开市场销路。杨振华吃尽了苦头，到处寻找合作伙伴，最后一位有先见之明的东南亚长官要求与她联合开发经营。3年后，这种营养液已经跨洋过海出口到欧洲、南美洲、南非以及东南亚的十多个国家和地区，当年创汇600万美元。杨振华的名字广为人知，成为中国内地少有的亿万女富豪。

杨振华运用自己的知识研制成了一种新型的产品，最终将它转化成为

财富。她的故事告诉女人：知识可以使自己在财富的道路上少走弯路，它能让你先于别人达到财富的目的地。

世界上最富有的犹太人认为没有知识的商人不算真正的商人。他们中绝大部分学识渊博、头脑灵敏。在他们眼里，知识和金钱是成正比的，知识是创造财富的理论根据。这句话是深有道理的。

有一次，美国福特汽车公司刚引进的一台新型电机莫名其妙地出了故障，公司的技术人员都束手无策。于是，公司特意将德国的机电专家斯坦门茨请过来，斯坦门茨经过检查分析后，只用粉笔在电机上画了一条线，并说："在画线处把线圈减去16圈。"公司维修工照此维修，电机果然恢复了正常。在谈到报酬时，斯坦门茨向公司索要一万美元。"什么，一万美元？一根线竟然价值一万美元！"公司经理感到十分震惊地说道。但是斯坦门茨则不以为然地回答他："画一条线只值一美元，然而，知道在哪里画线就值9999美元。"

瞧，这就是知识的价值。画一条线只值一美元，而知道在哪里画线就值9999美元。知识的力量是无尽的，它有时带来的财富也是无尽的。那些真正有才能，能发财的人，是那些有知识的人，他们能把自己的智慧发挥得淋漓尽致，在追求中将普通知识升华为专门知识，从而达到成功的目标，实现自我价值。这是一个知识经济时代，科学技术的发展日新月异，谁具有过硬的知识，谁就可能成为财富的拥有者。因此，才女们要想获得财富，就要顺应时代潮流，不断学习新的本领，只有这样才能让自己更为灵活地运用知识去赚取财富。

用信息去改变女人的命运

“哈哈，那支股票果然涨了，幸亏我及时看了关于地方钢材调控的财经信息，不然，就赚不到那两万块钱了……”

赵蓉兴高采烈地向老公这样炫耀道。她真的没想到小小的一条信息竟然能给自己带来两万块钱的财富。但事实就是如此，因为这是一个信息时代，有时候一条小小的信息真能够为你带来巨大的财富，改变人的一生。

才女们在日常生活中随时都能听到“信息”这个词，尤其是在商海中打拼的才女，对此更是深有体会：能否及时准确地把握信息、利用信息，往往成为商战成败的决定因素。我们每天都生活在信息的“海洋”中，每天睁开眼睛，各种信息、各种见闻就会扑面而来，如果才女能用心将这些信息整理、思考一下，就可以找出对自己的增富目标有价值的东西来。

有一天，李茜在看新闻时发现，一位政府人员在讲话中以棉纺织品为例，要求本地企业努力提高产品质量，开发新产品。这条信息在一般人眼中是毫不起眼的，可李茜却在其中发现了商机。很快，李茜便利用手中的资金开启了创业之路。她从生产床上用品开始，努力提高产品的质量，精心打造了自己的品牌。3 年后，她的公司扩大了规模，又从价格方面去抢占市场先机，从而获得了巨大的利润。

对经营者来说，市场信息就是成功的基础。所以，那些有意或者正在商海中打拼的才女，更要善于捕捉各种信息，及时了解市场的变化，特别是一旦获得有价值的信息，应当马上进行决策，及时抓住机遇，一举取得

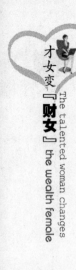

胜利。如果你掌握了信息就掌握了财富，这就是这个时代的特点。

信息可谓是富人制胜的法宝，信息就意味着财富，分析信息的能力则是挖掘财富宝藏的工具。可能有些财女说，纷繁复杂的信息尽管蕴涵着财富，但是如何才能让自己捕捉到那些能创造财富的信息呢？其实，捕捉信息也并不是一件神秘的事情，无数的事实证明成功者不但要善于广泛地收集信息，还要有敏锐的洞察力，凭借自身的洞察力对收集到的信息进行有选择的利用。

佳楠是一位成功者（自由炒股人），刚刚30岁就已身价百万。取得这么好的成绩，用她的话说，这是善于广泛收集信息并有选择的利用的结果。

2000年，她经近两个月的努力，通过各种途径收集到了许多有关股票的信息。可一看如此多的信息，真假难辨，即使全部有用，也没那样的实力全部尝试一番。何况，朋友们吃假信息的苦也不止一次，有的甚至元气大伤，从此一蹶不振。

于是，她又花大量时间，对这些信息一一排查。经过细致的调查、研究，最后只选择了其中两三条加以利用，结果佳楠获得了成功，一跃进了大户室。

佳楠利用信息赚钱的经验值得大家学习，广泛收集信息并有选择地加以利用，这在一个人的事业中显得非常重要。在现实社会的今天，能具备明察秋毫的能力，善于广泛收集信息并有选择地利用的人，必将在日益激烈的商战中快人一步地抢占制胜的先机，必将是未来十年里的成功者。

一个成功的创业者依靠的是灵活敏锐的头脑和科学的、丰富的经验去决定胜负。所以每一个对赚钱充满热情的才女，必须不断地掌握新知识，用心观察生活的细节，然后从中整合出自己的致富方案。

用智慧抓住不平常的商机

“同样都是做生意，别人运气怎么那么好，每一步都走得恰到好处，生意红红火火，而自己却总是走背运，处处“亮红灯”、打“背”牌，赚得小钱，却赔得大钱，人家吃肉，有时自己连汤都喝不到，难道自己的运气就这么差，总是和商机失之交臂吗?”

刚创业的陈莲总是这样感慨，看到别人生意兴隆，而自己却总走背运，她的运气真的那么差吗？其实不然。做生意，不是如她说的完全要凭运气，也不是“瞎猫碰死耗子”，而是要用自己的智慧去发现商机，并且能够及时地抓住，才能取得事半功倍的效果。

在获取财富的道路上，商机是十分重要的，但是它又是难辨的，它出现时，往往是带着面具的，同时它身后也带着巨大的财富。聪明的才女如若能够运用智慧的头脑辨明真伪，捕得商机，那它的“附属品”——财富，也就“鱼贯而入”你的“私囊”了。

有些才女可能会说，在辽阔的商海中纵然是蕴藏着无尽的商机，但是究竟如何去挖掘、去辨别呢？在挖掘和辨别商机之前，还是先了解和认识一下什么是商机吧！

商机，也就是商业机遇。虽然商机是现在社会不可或缺的内容，但对于机遇的解释，在中国则随处可见。《辞海》注释“机会”所用“行事的际遇机会”即机遇。换言之，抓住机遇，就是抓住遇到的机会。许多谚语、成语、警语都与机遇有关，最常见的比如：“机不可失，时不再来”“识时务者为俊杰”“失之东隅，收之桑榆”“过了这个村，就没有这个店”“运至时来，铁树开花”“此一时，彼一时”等都说的是商机。在现代社会中，商机主要是指商业活动中一种极好的机会，是一种有利于企业发展的机会或者是偶然事件，是有利于企业发展的大好时光与有利条件，是企业在市场竞争中一系列的偶然性与可行性，或者说是还没有实现的必然性。

在空间上，商机指的是一个特殊点；在时间上，商机指的是一种特别的时刻；在发展趋势上，商机指的是一种转折点；在商战上，商机则多表现为竞争对手出现的时间差、空间差，可供我利用或竞争对手与我双方都可以利用的偶然出现的有利因素。

才女们这时可能了解到什么是商机了，从根本上说它就是一种特殊的机遇。但是，要想挖掘和抓住商机，还是需要了解商机的特性。社会学家通过对现实生活中大量商机案例的考察和理论分析，发现商机的特征主要表现在以下几个方面：

客观性：商机是客观现实的存在，而不是人的主观臆想；

偶然性：商机具有一定的偶然性，它是一种偶然的机遇，常突然发生，使人缺乏思想准备。当然这种偶然性是必然性的表现，只不过一般人难以预测和把握罢了。

时效性：俗话说“机不可失，时不再来”，说明机会与时间是紧密相连的。商机有时候会如电光转瞬即失，抓住了也就抓住了，要是使其错过，则只有追悔莫及，枉自痛惜。

公开性：对于任何商机来说，它都是客观存在的，因此对于每个人来说它都是公开的，也就是社会中的每个企业、每个人都有可能发现它。

效用性：商机是不可或缺的，它就好像是一根有力的杆杠，谁要是抓住了它，就可以比较容易地担起事业的负荷，一旦失去了它，就会在事业面前显得束手无策。

未知性与不确定性：商机的结果不会一目了然，它具有很强的不确定性，会受到事物发展的各种影响。

难得性：商机不是随处可见的，通常很难碰到，特别是一些大的商机，更是难以把握。

才女们想要挖掘和抓住商机，在全面掌握商机的这些内在特征的同时，还必须尽力与实际的经营结合起来，做到“运用之妙，存乎一心”，从而发现并果断地抓住商机，创造财富。

卢菲在北京开了一家普通的洗衣店，起初洗衣店的生意并不十分地好。但是，她在与朋友逛街的时候，看到满街的高档服装如此之多，如果这些衣服都能拿到自己店里去干洗，那生意该有多火暴呀！这只是个念头，没想到她却真放在心上去策划了。经过深思熟虑后，她最终找到了某个服装店去谈判，只要在本店买衣服，便可以送半年的干洗服务，她只从中拿20%的利润，没想到与第一家店合作以后，便取得了不错的收益。

随后她又与其他的服装店联合，同样也取得了一定的利润。她又将干洗店的规模扩大，开始与名牌服装厂联手，走出了一条服装、服务共兴共荣的新财路。比如罗曼、蒙妮莎、美尔雅、皮仙娜、海里兰、皮尔·卡丹等名牌厂店都与她有业务关系，卢菲为它们开设专洗业务，既抓住了一大批有高消费能力的顾客，又打消了顾客购买高档服装、浅色服装不好清洗的顾虑，使合作各方都皆大欢喜。

让常人难以置信的是，洗衣店里洗涤一件高档服装的价格差不多是一件中档同类服装的市场售价，但是那些人毫不在意，因为他们的服务确实让人满意。为了提高服务水平和劳动生产率，卢菲又从赢利中划出专款，一次引进了德国博韦和日本东洗的全套干洗、熨烫、整形设备，又投资20多万元对旧有店堂格局按照国际流行式样进行了彻底的改造装修，并配齐20多位专业技师分把关口、各负责一个流水环节，形成一套完整的服务质量保证体系，使她的干洗店成为当时全市设备最新、水平最高的全功能洗染店。3年以后，她的干洗店全年获得纯利润200万元，相当于一家中型生产企业的利润水平。

卢菲在一次逛街中突发奇想地产生了一个好点子，但是她没有轻易地放弃自己的设想，而是反复地在脑中思索它，最终是抓住并实施了这个潜在的商机，使自己获得了巨大的财富。所以说，要想发现商机并抓住，不仅仅要靠自己敏锐的眼睛，更要有不放弃的勤于思索的习惯。

商机是客观地存在于市场之中的，它是不会主动地进入人们的视野，也不会主动变为财富，而是需要聪明的，善于思索的人去发现与捕捉。所以，才女们不要轻易地哀叹商机不公平，不去眷顾自己，自己捕捉不到商机是因为你本身就缺乏一双“慧眼“和与众不同的“创意”。如果你能勤于思索，大胆地设想，商机终会眷顾你的。

俗话说“世上无难事，只怕有心人。”在市场中，只要你有心，只要你勤于思索，就会有占不尽的市场，挖不完的财富。无数成功者的实践告诉我们，如果把视线从市场的表层扩展延伸到市场需求的方方面面，深入到消费市场，用新的理念和新的眼光细心地观察、寻觅、琢磨、挖掘，就会欣喜地发现，商机是大量存在于我们周围的。

自由职业怎样才能“敲”出富矿

“什么？自由职业也能赚到那么多钱吗？哦，天啊……在家3个月写一本书，竟然拿到了十几万元的稿费！真不敢相信……”

陈梦在朋友面前这样惊叫道，从她的口气中得知，她是十分羡慕她的这位自由作家朋友的，在家3个月写一本书竟然能拿到十几万的稿费，想想都让人向往。有的才女可能会问，陈梦的话是真的吗？自由职业者真的可以赚到那么多钱吗？答案是，没有什么是不可能！

赵汐是一位著名的畅销书作者，每天只是在家按规定写作，每天写作6000

字左右，现已经发表几十本畅销书，她每年的收入能够达到20万元。

她工作时间自由，平时不受制度的约束，不用看老板的脸色，也避免了同事间的纠纷，她自己认为自己过得十分惬意。因为写作给她带来了心理与物质方面的双重幸福，只要进入文字中，她就能够感觉到深切的畅快感而非辛苦，再加上读者的肯定，让她十分有成就感，我非常热爱这份职业。

更让赵汐感到欣喜的是物质上的收入激励，凭借她出色的文采，独到的见解，她一个月的稿费大概可以达到三四万元。另外，她有时间还会为一些文学性的网站写些作品，文学网站为作者还制定了一个繁杂的收入体系。由于电子版作品的阅读要收费，网站一般都采用分成的做法，以稿费的形式将这部分收入支付给作者。此外，网站还会给她提供一些“福利”，比如，她每天只要更新作品的数量达到一定的字数，就会给她发放“全勤奖金”，这样加起来分每个月的收入达到近5万。

赵汐是一位畅销书作者，她不用看老板脸色，不用受公司制度的约束，完全是凭借自身独特的才能每个月能够赚到近五万元的薪水。对此，才女们可能要睁大眼睛为之惊叹了吧！不仅仅是惊叹呀，对这种工作还十分向往吧！

羡慕归羡慕，才女们还要想一想，自己是否有成为自由职业者安身立命的本领？比如写作，如果你自己没有这方面的才能，如何成为一个自由职业者呢？好啦，还是先了解一下“自由职业者”这个概念吧！

自由职业者指的是摆脱了企业与公司的管制，自己管理自己，以个体劳动为主体的一种职业，譬如律师、自由撰稿人、独立的演员歌手等。不过，自由职业者也不是那么好做的。但是有些才女可能会问，如果没有特殊的才能就不可能成为自由职业者的吗？其实也未必，如果你也不希望别人管着，想在家中待着也能够“捞”到“富矿”，通过一些途径也是可以实现的。这些途径主要包括：

(1) 销售信息类产品。

这是一个信息的世界，信息可以给人带来财富，一个良好的信息产品具有难以置信的价值与赢利能力。许多信息产品的获利是颇丰的，其利润可以达到自由职业者初始收入的总和。所以，对于那些在某个领域有“造诣”的才女来说，如果能通过这种专业的知识进行沟通，那么，信息产品的收入将会是提高收入最完美的方法。

（2）创建一个被动收入。

被动收入在网络世界是非常令人羡慕的，如果能投入极少的精力，甚至不投入，就能够获得丰厚的收入，那么你就可以不用继续工作，而是到沙滩去养老了。

当然，创造一个被动收入比多数人了解的更难，大多数类型被动收入通常需要做很多难以想象的工作，比如你是某方面的专家，很多人都要找你来看病，那么你得到的收入将是常人难以想象的，因为你有不可替代性。但是成为专家是十分不容易的，要付出比常人多得多的努力与精力。

（3）追求卓越。

在每个领域，都有一部分人，收入比其他人要高许多，就是因为他们有比常人更为卓越的能力。所以，对于那些要想在家赚钱的才女来说，你要努力成为某一领域中的精英，成为某个领域中的专业人才，就必须通过自身的努力突破自己的极限，不断提升自己，这样才能获得更多的财富。

（4）拓展商业。

对于想从事自由职业的才女来说，拓展并不总是自己最优先考虑的事情，但是它能够帮助你打破获得薪水的限制。如果你有足够的动力与愿望，这可能就是十分不错的选择。

随着自身业务的不断做大，不管你是通过外包或是雇用员工，你都会获得数倍于常人的利润。

好啦，看看以上四条途径是否适合你呢，如果对自己有信心，那就赶快行动吧！它会使你获得比常人高出很多的薪水。不过，需要提醒才女们，做自由职业者并不如某些人想象的那么简单、轻松。要做好这份工作，你必须得好好“修炼”一下自己，努力锻炼和培养自己在某一方面、某个领域的核心技能、特殊专长，使别人难以替代你的能力和特长。这对一个自由职业者来说至关重要，有了这种能力和特长才能如鱼得水。

此外，才女在选择做自由职业之前，也应当慎重地考虑自己的性情是否适合，因为自由职业者是需要有较强的自制力。而且，当前的自由职业者多是从事创意性强、以智力劳动为主的工作，对性情喜静的人来说，只要有某一方面的专长，都可能胜任；但对于那些喜欢热闹，乐于忙忙碌碌，总是要有人合作才觉得工作舒心的人来说，做自由职业者则不见得是个很好的选择。所以，是否去“捞”那座富矿，需要三思而后行。

早早出名，让“有才”变“有财”

“据说，这个小明星年仅10岁就赚到几十万的财产了，真是了不起！小小年纪就这么有财，长大后就更不用说了，真要赚大发了！”

张洁在电视旁羡慕地对女儿赞扬道。年纪如此小的小明星就已凭借自身的才气为自己赚得了几十万的财产，那长大后更是无可言说了。是的，这就是出名早的好处，越早出名就越能及早地为自己积累个人财富。

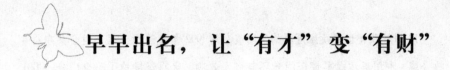

“出名要趁早。”张爱玲几十年前就说过这样的话。年少的张爱玲曾经这样道出自己的观点：“出名要趁早啊，来得太晚的话，快乐也不那么痛快。”是的，一个女人最好的青春也就那么几年，所以成名一定要趁早。等年龄大了，成家之后，你需要做的事情就更多了，带孩子、操持家务，上有老下有小的，不仅自己的精力有限，而且体力也不如年轻的时候了，所以更难成名。

无可厚非，获得财富最快捷的途径就是让自己早早的出名。自古以来，名与利都是紧密相连的。不管是在演艺界、体育界发展，还是从事艺术工作（如绘画、写作)，只要有了名，财富便会“不尽长江滚滚来”。从一定程度上来说，名气就是财富。这在体育界与娱乐圈就可以真正地体会到。李宇春、周笔畅、何洁、张含韵等女孩都是通过参加湖南卫视举办的“快乐中国超级女声”活动而成名的，之后顺利进军娱乐圈。她们除了出唱片、开演唱会外，还接拍了不少广告，年纪轻轻就积累了不少个人财富。在体育界也造就出了许多的千万富翁，2001年，《人民日报》曾经刊登过“中国体育明星收入排行榜”，排名前两位的就是体育圈里的两位美人——伏明霞和刘璇，以前的“跳水皇后”和“体操皇后”如今成了广告界的宠儿，自然赚得盆满钵赢。现在，找知名运动员拍广告已成风尚，随着广告收入的增加，体育明星的收入自然也水涨船高。放眼中国体坛，不少女运动员创造了一个又一个属于自己的致富神话。

13岁就获得世界跳水冠军的伏明霞，从1992年起连续三届奥运会共夺得4枚金牌。利用奥运冠军带来的光环与名人效应，伏明霞接拍了不少广告。2001年，她所拍摄的雪碧广告酬金就达到500万元人民币，此外还有安利公司营养食品酬金约有100万元、某国产手机广告酬金约有100万元。在一年内，她仅广告收入就有7000万元人民币。

她的创富之路，无不让众多才女为之惊叹。她成名后无须再去做什么，只要等着广告商自动找上门来就可以获得巨大的财富。

继伏明霞拍摄雪碧广告后，在香港有“翻版陈慧琳”之称的刘璇也成为炙手可热的广告明星。

湖南妹子刘璇是悉尼奥运会上的女子平衡木冠军，也是中国首位平衡木奥运冠军。刘璇退役后在北大新闻学院读书，2001年，正式涉足影视圈。天使的面孔、轻盈的身姿和灿烂甜美的笑容，使得她一开始就具备了进入娱乐圈的条件。刘璇本人也因此被称为“璇美人”。毋庸置疑，刘璇绝对是体操圈内的大明星。成名之后的刘璇拍了不少广告，还接拍了电视剧和电影，收入自然颇丰。

刘璇所拍的广告有农夫山泉、台湾华硕电脑等，一年的广告收入也有500万元人民币。

从体育界又到娱乐圈，刘璇凭借自己在体育方面的才能，早早的出名，尽早地让自己进入了“吸金”行业，她的财富之路对我们来说更是一个神话。

早早地出名确实是赚钱的一条捷径，美国财经杂志《福布斯》最新选出的9位最能赚钱、年龄不超过25岁的青年人中，有三位就是依靠在体育界成名而致富的，她们分别是高尔夫球天才少女魏圣美、网坛靓女莎拉波娃和小威廉姆斯。9位最能挣钱的青年人去年一共赚取了高达1．4亿美元的丰厚收入，而她们3人就占去了大约50%。为什么魏圣美、莎拉波娃、小威廉姆斯就能如此而其他人却不行呢？主要原因就是她们年少成名，随之而来的自然就是丰厚的收入。人在出名之后影响力就会扩大，引起更多人的注意。由于人们通常会模仿名人，广告商就会利用名人的这种光环效应，找她们拍摄广告。

财富往往随着名气的增长而增加，如果你希望在年轻的时候就实现个人创富的神话，那么就要尽早地发挥个人的天赋。可能有的才女会说，我没有体育方面的才能，也没有进入娱乐圈的才能，那我是不是就不能成名了？其实也未必，成名的确需要一定的才能，也并非必须要具有体育明星与娱乐明星方面的才能。如果你想成名也并不难，下面是一些能够提高自身名气的方法，对那些想出名的才女可能会有帮助。

（1）勇于去挑战众人。

如果你有和众人有争议的观点，就勇敢地将自己的观点亮出来，然后可以引发一些热烈的争议，这样就会将你的名气宣传开来。当然了，在挑战的过程中，遭到众人的非议是必然的，但是你应该主动捍卫自己的观点，这就是你挑战众人所要的效果。不管在任何时候都要勇敢地说出自己对事情的看法，让众人将你捧红。

（2）站在队首。

如果你想出名，就要勇于出头，如果在你的专业领域里你有什么新的发现，千万不要找什么差劲的理由说明年再去宣传，而是一定要及时地、勇敢地将自己的发现宣传出去，要利用一切可以使你在自己的行业中提高名气的机会展示自已。此外，对于你经常站在队首的另一个好处就是你会接到有各种新闻媒体报道游行活动，这样你想不出名也难了。

(3）把你和众人区别开来。

不知道才女们是否想过：“为什么像 Kiss 乐队和猫王这样的摇滚明星那么有名气呢？“其实主要是因为他们有自己独特的方式并且也不会在意别人怎么去想。这是名人所应具有的品质之一，他们每个人都有自身的某些与众不同的特点，这些特点可以带动他们让众多的人去关注他们。所以，要想提高自身的名气，才女们也一定要让自己在某些方面不同于芸芸众生，无论是衣着、态度或是行为。但最重要的一点就是一定不要在乎别人怎么看你，至少不要表现出你在乎别人的看法。因为你最终的目的就是在人群中凸显出来，这样你的名气才会增加。

(4）你要多聪明就能有多聪明。

你是否注意过，一些极具名声的人是因为表现得很呆？比如在《阿甘正传》中扮演阿甘的汤姆·汉克斯，他在电影中表现得要多呆就有多呆，但正是他的呆劲使他变得更可爱，更受大众欢迎。对于那些想成名的才女来说，不是要你故意表现得呆乎乎的，但是在一些特定时刻你就应该表现得呆一点，而不是让别人觉得你老道复杂。假如你周围的人都很圆滑世故而你表现得有些傻乎乎的，你就能逐渐给自己创造出一点名气了。这或许不是你想要借鉴的方法，但这却是一种提高名气的方法。

以上这种方法，才女们可以适当采用。其实，大多数时候，要想得到短时期的名声并不是很难，但是真正关键的是你如何保持受人关注的状态，并让自己短时期的名声持久不衰。此外，名气是不会从天而降的，你不要只是被动地等待机会的来临，而是要有进取心，愿意付出努力去寻找各种机会，这样就可以让自己早早出名，及早地为自己掘到财富。

第六章

工作中自有“黄金屋”

好工作中自有“黄金屋”，而好工作首先应该是一份能给自己“增值”的工作，随着时间的推移，它能让你的财富越积越多。好工作中的增富途径有很多，你可以利用公司的培训机会为自己的身价增值；可以合理地要求你的老板为你“加薪”，向公司要求属于你的福利；还可以利用工作之余的时间去赚钱。如果你能好好地利用这些途径，最终会给自己带来财富。

逃离 “女性贫民窟”

“我做建筑设计都已经3年了，大家都说这行业是暴利行业，但我到现在一分钱也没赚到。为了一个设计方案，每天起早贪黑，平时工作累得半死，到该加薪的时候总是没我的份儿，更别提要升职了！”

贾欣经常向朋友这样抱怨。她从事的是建筑设计行业，很多工程难度较大，有时候，一个设计方案需要很长时间，起早贪黑也是再平常不过的事。但是最终的劳累却没得到收获：钱没赚到、加薪没份儿、升职无望……这种状况就表明她是掉进“女性贫民窟”之中了。

“女性贫民窟”是指那些不适合女性或者女性在其中没有太好的职业发展前景的行业。从事这些行业一般情况下都有体力上的要求，比如长途汽车司机、建筑人员、厨师等。女性由于自身的心理和生理的特点，进入

这个行业一般都会逊于男性，十分不利于自身的发展。

彩娜大学学的是计算机软件开发，毕业后，就自然成了一个外企软件开发工程师。刚进公司的时候，她只是负责一些简单的服务工作。几个月后，她逐渐地开始接触一些开发工作了，但是，刚刚去胜任工作，却让她感到疲惫不堪。为了一个软件，她不能像自己的男同事那样几天几夜不回家地去钻研，因为她觉得做好自己的本职工作就已经超出自己的体力负荷，让自己身心疲惫了。两年过去了，尽管天天都很累，她在公司得到的评价却是刚刚能胜任工作。她想如果想在本行业得到更好的发展，想要掘到更多“薪金”，恐怕是难上加难了……

彩娜从事的是计算机软件开发工作，要想发展得更好，就必须要付出更多的脑力与体力，而女性在体力方面则处于弱势的地位。因此，两年下来，彩娜尽管工作很努力，但是也只能落得个“刚刚能胜任工作”的评价，个人职业得不到发展，也十分不利于个人财富的积累。

无可否认，彩娜从事的软件开发行业中也不乏女性工作者，但是由于女性体质与素质都不如男性，她们在工作中往往要比男人更辛苦，压力也会更大，最终被社会淘汰的可能性也最大。

自古男女有别，女性由于其在生理特点与心理特点上与男性不同，其在个人职业生涯中也形成了一定的优势与劣势，所以，女性在择业或就业时一定要寻找那些适合女性发展的职业。如果你很不幸地走进了建筑或机械工程等重体力、高风险类的行业，就等于将自己推进了“女性贫民窟”之中。因为这些行业一直都是男人统领的行业，并且也由此形成了这样的固定思维——这些行业的活就是要由男人去干的，女人想在这行业中发展，无疑是自断前程。那么，才女们可能会问，自身的特长与优势在哪些行业才得到更好的施展与发挥呢？

要选择能够充分展示自身优势的行业，就首先要了解你自身的优势在哪里。据国内外许多研究结果显示：女性在就业时的优势主要有语言能力的优势、形象思维的优势、交际能力的优势、管理能力与忍耐能力的优势等，这些优势都是女性非常重要的职业品质，如果女性能够充分发挥这些天赋的优势，对个人未来的发展是十分有帮助的。这些优秀的品质所包括的行业也是多种多样的：

（1）语言能力的优势。女孩一般都比男孩说话要早，而且随着年龄的增长与知识的积累，女性驾驭语言的能力更为出色。因此，女性会在文字整理、报刊编辑与教育工作之中，就更能够发挥自身的特长。

（2）形象思维能力的优势。一般情况下，女性的形象思维能力比男性都要强，而且也比男性想象得更为细致与周到，所以，服装设计、企业策划等工作，更能发挥女性的自身优势。

（3）交际能力的优势。女性普遍都具有温顺和蔼、容易与人相处、感情情丰富细腻、善于观察细节、体谅他人等特性，而这些特性如果能运用到人际交往之中，就能起到事倍功半的作用。为此，女性在公关、商品推销、咨询服务类行业中就可以充分发挥其聪明才智了。

（4）管理能力的优势。对于受过高等教育的才女们，一般都具有一定的专业知识，个人修养又较好，而且能够广泛地听取各方面的意见，善于与他人合作。所以，女性如果能从事企事业单位的行政管理、人力资源管理等工作，一定能够迎刃有余。

（5）忍耐能力的优势。女性具有沉着、耐心、细致等特性，多数女性可以在相当单调乏味的条件下，耐心细致、认真负责地工作。所以，女性可以在图书管理、档案管理、资料收集、信息处理等方面锻炼自己。

以上的这些优势与特长使女性在特定的一些行业里越来越成功，并被社会各界广泛认可。所以，才女们在求职的时候，要避免自己跳入“女性贫民窟”中，一定要充分利用女性较强的感知能力、富有创意的思维能力、认真细致的优势，选择适合自身特质的行业，这样才能使你在这个行业里有更好的发展。如果你不小心进入这个行业之中，就要想从“女性贫民

窟”中逃离出来，勇于选择能够发挥自身聪明才智的行业。

挑选一份能“增值”的工作

“唉，我是越来越不能胜任我的工作了，刚毕业的时候精力充沛，每个星期带两支旅游团爬多高的山都没问题，可现在……一个星期出去两天，就累得不行了！每个月拿到的薪资越来越少了，是该考虑一下换工作了……可是如今出去，又能去做什么工作呢？”

周日的下午，瑞拉向朋友这样抱怨道。她从事的是导游工作，年轻的时候她凭借良好的面貌与充沛的体力，为自已赚来了很多的薪资。但是，随着年龄的增长，渐失的容颜与衰退的体力使她对工作力不从心，薪资也在逐渐减少，最后不得不选择换一份工作，但是又不知道自己除了这份工作还能干什么。唉，她这份工作就属于贬值的工作，纯粹是那种过期不候和吃“青春饭”，从事这种工作的女性，一般到了35岁就开始走下坡路了，她们的薪资也会随着个人价值的不断贬值而逐渐减少。

这种贬值的工作，除了导游外，还有文秘、公关等，许多企业在招聘这些职位的时候都会写明招聘28岁以下的人。这种工作一般都较简单，没有多少知识含量，而且专业性也不强，薪酬水平也不太高。所以，做这些行业的基本上都是刚从大学毕业的新人。

此外，还有广告设计行业，也是随着年龄的增长而不断贬值的工作。因为广告设计工作需要有创意，而且经常加班加点，所以要求从业者具有极其敏锐的触觉、多变的创意思维与充沛的体力。随着年龄的增长，才女们的经验是有了，但是也极容易形成定式思维，在设计的时候就很少有什

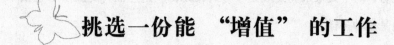

么创意了，升值的空间也就小了，你能从工作中挖掘到的财富也在不断地减少。所以，你要从工作中掘到“黄金屋“，找一份能不断“升值”的工作是极其重要的。

也许你会说，什么样的工作才会随着年龄的增长而不断升值呢？其实，对于女性来说，有许多行业是越老越值钱，比如说从事与咨询有关的工作（如古董鉴定、营养师、心理辅导等）、医生、会计师等。她们的名声与信誉都需要长期的工作积累，她们脸上的皱纹在客户眼中就是经验与阅历的保证。

张梅从事的职业是会计，刚毕业的时候，由于缺乏工作经验，不太好找工作。不过，最终她还是在一家小企业入了职。在工作中，张梅认识到，会计这个行业凭借的是宝贵的工作经验，公司那些资历比自己老的会计师，收入要比自己高几倍。为提高自己的薪水，张梅十分努力，在工作中积极向那些老会计师学习，她还利用课余时间主修会计课程，以提高自己的专业知识。3年后，张梅顺利地考取了注册会计师资格证，自身的素质提高了，待遇也自然提高了好多。

如今30多岁的张梅已经是公司的财务部副经理，一些公司都知道她是老会计，都找她去做账务整理，她每周只抽出几个小时间时间为这些小公司做账务，收入自然也达到5位数字了……

张梅是幸运的，因为会计行业本身就是一份能“增值”的工作，在本行业中，她努力提高自己，不仅获得了良好的职业发展，而且也获得了不菲的财富收入。

才女们，如果你一开始就进入了那些能够保值甚至升值的行业中，那就再好不过了，但是，并非每个人都有这么好的运气，在这个时候，考虑转行是最明智的选择。因为你从事什么工作都要从长远来看，这不仅有利于你个人的职业发展，也十分有利于你个人的财富积累。在一个升值的行

业中做，越老越有权威，获得的财富也就越多，你还会担心后来者的竞争吗？

因此，聪明的才女应该趁自己还没到30岁的时候，将自己转行到一个保值甚至升值的行业之中，即便在这个行业中你只是一个不起眼的角色，但是有了一定的阅历与积累后，你一定会有极大的发展空间，能够获得极好的机会。现在越老越古董的职业，大多都属于经验型行业，要想成为此行业的古董级人物，你就必须要有足够的工作年限与工作经验。这是没有任何捷径可走的，如果你不想在35岁以后还在为职业奔波，那么你就可以选择从事以下行业中的一个，将自己修炼成职业古董，从而挖掘到更多的“薪金”。

（1）医生。医生一直是被许多人羡慕的高收入职业，因为他们大多从事的是高科技与高风险的工作。这一行业的专业都是经过多年的临床经验熬出来的，自然是越老越值钱。职业医生如果能够掌握一些保健养生的知识，收入将更高，因为现代人越来越注重自我保健了。

（2）律师。律师的工作性质与医生是相类似的，属于经验型的行业。当你经过一段时期的磨炼后，你就会从一个不知名的实习律师转正为执业律师，你的收入也就会随着工作年限的增长而迅速地增加，但前提是你必须有能力，需要在本行业内有一定的知名度。

（3）教师。在许多的大中城市，教师的收入已经超过了一般的白领，当然我们主要说的大学教师。因为教师除了正常的工资外，有很大一部分都来自他们八小时以外的补课收入。特别是在各个考研班，还有英语四、六级考试，各种司法考试、会计师考试等资格培训班中授课的高校教师，他们的这些课外收入大多都达到了5位数。当然了，担任此类课程的教师都必须要具有独特的授课风格，或者是哪个领域中的专家。

与此同时，一些中小学教师的收入也是十分不错的。因为一些有升学压力的学生，如果教师能够传授给学生好的学习方法，就可以在较短时间内提升学生的学习成绩，即使每个小时多花些钱，学生家长也心甘情愿。

而这些都为中小学教师增加了获金的砝码。

（4）古玩鉴定师。古玩鉴定行业的入行门槛比较高，需要具备较深厚的中国传统文化知识，而这些知识必须经过长时期的积累获得。同时，有深厚的文化知识与文物知识也未必能够识别珍品，只有通过多看、多考证、多研究，才能够真正成为这一行的专家。

好了，除了这些职业之外，还有会计等职业，才女们一定要选择有"增值"的职业，让自己越老越珍贵，这样才能让你随着年龄的增长而掘到更多的财富。

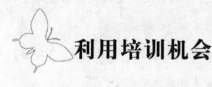

利用培训机会给自己的身价"增值"

"听说了吗？张嘉升任公司的财务总监了，听说工资翻了倍噢！"

"是吗？不敢相信，一个新人出国培训一次回来就能升官，而我们在这里工作已经5年了，熟悉公司内部财务流程，学历也不比她低，出国培训拿回来个国际注册会计师证书就可以把我们几年的努力全部磨灭了！唉……"

李丽一听说同事升了职，还加了薪，心里就感觉不太好受。新来的同事张嘉只是得到了一次出国培训的机会，回来后就能将自己几年的工作经验给磨平。其实，这没什么可奇怪的，它不过提醒了才女们一点：在当今职场中，培训是提高自身"身价"的一条重要捷径。只有时时刻刻让自己"充电"，才能进一步保证自己日日进步，在市场中保持竞争力。

其实，当今社会也为职业女性提供了很多培训机会，大多数企业也都会为员工提供培训机会。有些企业将这些培训安排在下班后、双休日或者是节假日期间，面对这些唾手可得的机会，更多的女性因为上班很累，想要早早地回家好好休息，或者是因为家庭事务的拖累，不愿意参加培训，将大好提升自己的机会白白地浪费掉，真的十分可惜。要知道，现代职场的竞争是异常激烈的，每个人都在学习，如果你不进步，那就一定会倒退，最终被社会所淘汰。

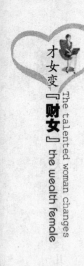

在一座山上，有两块形状相同的大石头。它们一同在山上待着，但是3年后，两块石头的命运却发生了截然不同的变化，一块石头脱胎换骨，成为一尊受万人敬仰和膜拜的佛像；而另一块石头则是每天伫立在路上，受到万人的践踏。

对此，那块受人践踏的石头心中十分不满，就问："老兄呀，3年前，咱们还同为一座大山的石头，今天为何会有如此大的差距呢?"

另一块石头回答道："老兄，你难道忘记了吗？在3年前，有一位雕刻师来到我们这里，我们俩都请求他把我们雕刻成艺术品，但是当他刚在你身上动了3刀，你就怕痛不让他动你了。而我那时候却只想着自己未来的模样，所以也不在乎刻在身上一刀刀的痛，就坚强地忍耐下来了。为此，我们的命运就发生了改变，我忍受了千刀万剐之苦最终却成了一尊受人敬仰的佛像，而你却因为忍受不了雕刻之苦，成了废石，人们便把你铺在了通往庙宇的路上。"

这个故事从侧面告诉我们，职业女性要达到自己的目的，也一定不能怕苦、怕累，并在工作之余努力地提升自己。一定不能为了贪图自己一时的享受，就放弃提升自我的机会。否则，当别的同事都变成了"佛像"时，你却只能成为别人的垫脚石。

你可以试想一下，在同样的环境，同样的工作时间，同样工作条件，文化程度相同的两个人，经过若干年后，一个人可能会通过参加各种培训，利用业余时间不断地学习，成为某方面的专家，拥有令人艳羡的高薪工作；而另一个人则可能会因为不参加业务上的培训、不愿意学习，而被企业淘汰，成为一个失业者。因此，在职场上打拼的才女，不论你的起点在哪里，只要你肯去努力，积极地给自己“充电”，最终一定会成为职场上的“常青树”，王璐就是这样一个通过职场培训而获得高薪职位的职场才女。

王璐毕业于某大学英语系，没有家庭背景，经济上也一般，为了减轻家里的负担，她毕业之后就没有再继续深造，而是到一家外贸公司做前台接待工作，当时月薪也只有1500元。前台工作是极其琐碎的，每天除了接听与转接电话外，还要接待公司来访的客户，收发公司的各种信函，还要为老板订机票、为公司叫快递、为同事们订午餐。尽管工作是相当繁杂的，王璐却没有倦怠，因为她明白，只有不断地提高自身的业务能力与素质，自己才能提升到更高的职位。否则，自己也就只能停留在前台接待的职位，吃“青春饭”。

为此，她就在尽职尽力地做好本职工作的同时，合理地利用好业余时间参加各种英语口语培训学习。一年后，她终于能够说一口流利的英语了。凭她过硬的英语功底，她又考了英语专业八级的证书，但是她却并没有满足，公司只要有培训的机会，她都会争取参加。即便有时候那些培训内容与前台接待的工作无关，她也积极主动地去培训，为此她熟悉了公司各部门的业务流程。几个月后，公司要在香港成立驻港办事处，英语水平与业务能力有了极大提高的她顺理成章地担任了总经理助理的职务，月薪涨到了6000元。

王璐通过自身不断地学习，在短短两年时间内，身价不断上涨，完成了其职业生涯的三级跳，从一个前台接待员晋升为总经理助理，薪水也翻了几倍，为自己掘到了“黄金”。因此，在自己的职业生涯中，如果你想不断成长、不断提升，就必须不断地学习，经常参加一些培训，因为培训

不仅可以提高你的工作能力，拓展你个人的视野，也可以使你的薪水翻倍地增长。

好了，职场才女们这时就可以扪心自问一下：你是否利用好你身边的每一个培训机会为自己的身价“增值”了呢？

想要“加薪”吗？跟我来

“青菜在涨价、猪肉在涨价、粮油在涨价，唯独工资还停留在原有的水平上。工作一年多了，至少也算是有经验了，如果再不涨薪水，不等于自己在贬值吗？下午会议中，好几次就想向老板提涨工资的事情，但是也不知道如何开口，其他同事都不谈加薪，唯独自己提，是不是显得太张扬了？再说，这年头社会压力这么大，有一份工作也不容易了，再提加薪是不是有点过分了呀！”

现实生活中，大部分职业女性可能都有如赵红这样矛盾的心理。如果你也带着这种心理去工作，你得到的薪水一般都不会等同于你的价值，你的薪水可能永远都提不上去。还有一些女性会这样想：“只要找到自己喜欢的工作了，从事自己喜爱的职业，金钱以后肯定会滚滚而来的，到时候口袋中的钞票自然就会增多了。”但是，你可要搞清楚，金钱向来都是属于那些热爱它们，并想方设法主动追求它们的人。因此，为了能从职场中掘到更多的财富，不要将薪水只看成是自己所需要的，而是将它看做与你自己工作能力相符合的价值，然后，向老板有意识地争取你自己应得的薪水。

马蒂是一家网络公司的基层管理人员，她上班第一个月的工资是2500

元。这份工作远远超出了她的需要，心中也暗自庆幸能找到这样一份工作。但是，没过多久，她就发现一位与她是同一级别、干着相同工作的男同事每个月的工资却是3000元。于是，她就去问老板为什么干着同样的活，却比别人少拿了500元。而老板的答复是：“他有老婆、孩子，还要还房贷，他需要养活一家人，而你只需要养活你自己。”当时马蒂就觉得不公平，与老板讲道理，薪资评定要根据个人的能力去评定，而非是个人需求去评定，经过争取，马蒂也能拿到与那位男同事一样多的薪水了。

马蒂尽管不知自己的价值，但是她从与自己做同样工作的男同事那里看到了自己的价值，至少在老板眼中，她每个月的工作价值应该是3000元。于是，她就向老板尽力地争取自己应得的薪资，最终获得了成功。如果她只根据自身的需求去要求薪资，那她可能每个月只能拿到2500元了。

既然许多老板对待薪资的判定不是以个人价值为标准的，那么，有人就会问，我怎么才能向老板要求与自身等价值的薪资呢？

对于那些初入社会的才女们来说，要想得到与自身价值同等的薪资，就要从你刚入职的时候起做好准备。对于还未进入职场的应聘者来说，由于刚入社会，不准确地估计自己的真实价值，如果能找到适合自己的职位向你的雇主要求薪资的时候，一般都要让雇主先说个数。要知道，每个雇主在心里对于你的薪水上下限度都有个数，他们会根据你的真实情况在那个限度内自由地调整，他们手中掌握着你不知道的内情。当你不知道对方是如何想的时候，你往往就会自掉身价，刚好就中了他们的下怀。因此，在你要求你的薪水之前，请务必搞清楚它的大致价位。假如它低于你的心理价位，你就定一个比你现在的薪水高出10%～20%。

在日后随着你的工作经验与各种技能的积累，倘若你现在的这个位置拿的钱太少了，那么就适当地再抬高一些！这时应该如何要老板要求加薪呢？对于那些工作一段时间的才女来说，应该努力做到以下几点：

（1）有理有据。

说服老板给你加薪水是一件十分不容易的事情，如果操纵不好，就有可能会破坏自己在他心目中的良好形象，也必然会对你日后的工作造成一定的影响。为此，当你在开口向老板要钱的时候，最好先制定一个谈话的要点，然后再有理有据地展开。当他意识到给你加薪有百利而无一害的时候，甚至憧憬到不久你还会给他带来不尽财富的时候，你的目的就达到了。

（2）向老板索取要有度。

在现实生活中，许多人提出的高薪请求在很多时候都会与其实际可以达到的高薪程度有着极大的差距。因此，当你在向老板提出加薪要求之前，一定要先去研究一下同行业相关职位薪酬的大体数目，然后再大胆地索求，这样你索取成功的概率就会大一些。

（3）说话语调要适中。

在向老板提加薪请求的时候，你一定希望老板能够心平气和地听取你加薪的理由。那么，反过来，当他陈述他自己的理由时，你一定也要心平气和地倾听，然后再寻找突破口，与之协调。切记不要因一时心急就采用下通牒、恐吓或其他的强迫方式，这样做的结果只会适得其反。

（4）变换加薪方式。

在生活中，也许加薪并非不是唯一解决问题的办法，你还可以采用其他的方式让你达到加薪的目标。比如说分红、股票期权、奖金、晋升、长长的年假、较为灵活的工作时间等，这些选择也许会让你觉得比加薪来得更实惠呢。

（5）向同行看齐。

在向老板提加薪要求时，若是你的老板觉得你的加薪要求与理由不是信口诌来，他也许就会更容易接受。你可以多收集一些相关的数据来说服他，比如说其他类似公司同职位人员所拿薪水的大致数额啦，你所了解到的本公司相关职位人员的薪金水平啦等，这样一来，他想拒绝都不行了。

总之，向老板提加薪要求是一次谈判的过程，在谈判前必须精心准备，这是你唯一能够控制的，也是非常关键的。另外，在谈判过程中，还要克服不安的心理，你要告诉自己：“在自己的工作岗位上，我有权争取我应得的薪资。”

你可以这样要求属于你的福利

“我想拥有一间更大的办公室，也想要10天的带薪年假，想要额外的一些因私请假时间，以便应付突然出现的情况，比如孩子生病在家或不得不等待新买的空调送货上门，还想要一个靠近主要通道的停车位……唉，但是这些额外的福利又不能成为薪酬谈判的一部分，我该怎么跟老板提呢？”

在某私企做经理助理的茵茵总是会发出这样的牢骚，她的薪资水平一般，尽管在公司工作两年了，可一直都没有涨薪，就连福利待遇也没有！这让她的工作热情也逐渐消退了……

在现实中，很多人在入职的时候，都会忽略与老板谈福利，但是工作一段时间后，公司如果不主动给自己提供一些福利，也必定会影响自身工作的积极性与自身的利益。在这个时候如果你能够向老板合理地要求你的福利，一旦被满足，那么这些属于你的额外福利，就等于在无形之中增加了你的工资。比如公司让你享受更长时间的休假，但你依然能够拿到你所期望的薪水。还有公司会给你提供一些培训的机会，你平时在工作中零零星星的开支，在月末结算的时候公司会给你经济上的补偿，这些都是属于你的正当福利。如果你能够争取到这些属于你的福利，并且能够充分地利用这些福利，就相当于提高了你在工作上的财务潜力。

当然，很多你所要求的福利是不能用常规的原则来衡量的。假如你的老板在你的薪酬审查期间同意你的因私请假，他就有可能利用这件事情来减少你的加薪额。因此，你千万不要在薪酬审查期间请假，不能给老板这

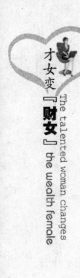

样的机会，否则就正中了老板的下怀。

假如你知道老板是因为资金紧张或者是因为小气而不肯为你加薪，而他心里也确实认为你的价值远在他付给你的薪水之上，而你也十分愿意在这个公司继续待下去，那么，你就可以要求一些额外的福利：比如你可以要求老板增加你的休假权利，为你提供一个更宽敞的办公室或者允许你享受更加富有弹性的工作时间，因为拮据的预算并不会妨碍老板给你提供这些福利。

张华在一家私营专营高档礼品公司做设计，她的工作是为公司设计各种各样的礼品样式与包装。由于公司规模扩大，她的老板刚把公司从一个小城市搬到北京，公司也正处于壮大期，资金相对比较紧张，所以老板提供给她的薪水在同行中算是中下水平。但是张华又十分喜欢这份工作，又不想离职。因此，张华就向老板提出了自己的要求，她要求每周要有3天时间待在家中，两天到公司去坐班。她这样对老板说："在家上班，我的工作效率会更高一些，并且也可以为公司节省一些管理费用。另外两天的坐班时间就可以与公司的文案、销售等一起交流讨论，看哪些地方需要修改，当时就可以改掉了，然后她就将自己设计出来的东西交给公司。"张华提出了这样一个令老板信服的理由，老板就很爽快地答应了她的要求。

张华能够成功地说服老板答应她所要求的福利，主要是她在为自身争取额外福利的时候，不只是考虑自身的利益，同时还提出了一个令老板信服的理由，说明这种额外的福利能够使老板受益。老板虽然没有给她加薪，但是却大大节约了她上下班的时间成本，这对她来说就等于加了薪资。

张华的这种做法无疑是十分有效的，她很快就可以令老板接受，你不妨也试一下。比如，你想拥有弹性的工作时间，你希望早上9点来上班然后在下午4点离开，因为这样你的工作效率会提高，你同样可以利用7个小时的时间来完成8个小时的任务，可以为公司节约一定的成本，你向老板提要求之前，最好能证明这是真实的情况，这样老板才有可能欣然接受。

业余时间的 "创富经"

"什么？业余收入都那么高么？真不敢相信呀，我自己连日常工作都忙得应付不过来了，哪有心思、哪有闲暇时间去考虑赚外快呢？"

饶佳听到同事利用业余时间赚外快，很是惊讶。随后，她又联想到自己，每日工作忙得焦头烂额，根本无法挤出时间考虑赚外快的事。其实，在现代职场中，有许多像饶佳一样的才女，每天都被工作"玩"得团团转，根本没时间、没精力去考虑其他的赚钱方法。如果长期这样下去，会发生怎样的结果呢？且看美国著名作家、演讲家、企业家贝克？哈吉斯讲的故事。

一个中年经理经常为工作忙得焦头烂额，于是他决定向一个有经验的经理人顾问请教如何才能摆脱这种工作状态。顾问的办公室坐落在公园大道旁边的一幢豪华大楼中，经理按照提示走了进去，惊讶地发现那里只有两扇门，分别写着"被雇用的人士"、"自雇人士"（律师、医生及自由职业者）。

这位经理人自认为自己是高级白领，所以他走进了"被雇用的人士"那扇门。走进去之后，他又发现两扇门，分别写着"赚钱超过4万美元的人"、"赚钱少于4万美元的人"，他的收入少于4万美元，所以他走进了第二扇门。但是他又发现另外的两扇门："每年存2000美元以上的人"、"每年存2000美元以下的人"。他每年在银行里只存1500美元，就走进了相应的门。这时，公园大道呈现在他的面前，他回到了起点。

这个故事告诉我们：如果想要看到不同的结果，唯一的途径就是选择打开不同的门。假如我们一直在做别人做过的事情，那么我们也就只能得到以前的结果。可惜，世界上却有95%的人都在做别人做过的事情，只有5%的人改变了自己的想法与做法。

在日常生活中，有大多数的人都是像故事中的那位中年经理一样，在或大或小的公司上着不痛不痒的班，每年赚的钱不到5万元，存款不到1万元。他们将其一生中最好的时间都用到了工作之中，用在了帮别人打工上。这样的生活是没有任何前途的，也是等于在混日子。而如果你想打开那扇只有5%的人打开过的门，其关键就在于：不要将你所有的时间都用在工作上面，要学会利用工作之余去创富。

当然，为了维持基本的生活，你是需要一份工作的。但是，在你工作的时候，你要明白，你不是单纯地为了钱而工作的，你工作的目的是为了学到永久性的工作技能。所以，你不要将你全部的时间都用在工作上，而要抽出一定的时间去关注你的公司，你未来的事业。也就是说，你在工作中要带着你的事业目标去工作，而非被金钱所累。

这时，你也许会说，我没有好的产品，也没有物色到十分合适的投资项目，我该怎么做呢？其实，这个世界到处充满了新产品的创意与已经生产出来的出色产品，而缺乏的就是出色的企业家。

当然要成功实现创富的梦想，就必须学会充分利用业余时间，甚至是工作时间来做准备。这里介绍几种创富的经验。

(1) 找兼职。

在不影响工作的前提下，业余兼职成为一种时尚，也是许多才女捞金的一种重要方式。当前兼职职位薪水较高的为：同声传译，一天的收入可高达几万元；网络写手，收入也颇高；车模与艇模等业余模特。有这方面才能的才女可以尝试一下哟，它给你带来的收入，说不定会超过你每月的薪水呢！

(2) 充分利用在工作中积累的资源和建立的人脉关系进行创业。

才女们可以在工作中利用积累的资源与建立的人脉关系进行创业，这是才女们工作的一个特点，也是才女们的一个优势。学会充分利用工作中积累的资源和建立的人脉关系进行创业，可以大大地减少创业的风险，因为它相当于才女们原来工作的延续，进行无缝连接，创业也容易踏上成功之路。需要注意的是：不能因为自己的创业活动影响单位的工作。

（3）选择合适的合伙人一起创业。

有一些上班族具有一定的资金量，可工作太忙根本没有时间自己去创业，或者是因为工作原因拥有一定的业务经验和业务渠道，这时完全可以寻找合作伙伴来一起创业。但是，在与合作伙伴一起创业时有一些问题是一定要注意的，比如责、权、利必须得要分得清清楚楚，还最好形成书面文字，防止将来出现矛盾。

（4）做产品代理。

现在翻开报纸、杂志，到处是寻找产品代理的广告。这里同样隐藏着一座座金山。有几条原则可供参考：

尽量不做大公司和成熟产品的代理；

选择产品，必须是真材实料的，有合法手续；

产品的独特性与进入门槛要高；

直接与生产厂家接触，不做二手代理商。

许多才女都梦想着在未来要建立起一家属于自己的公司，但是一大部分的人都是因为害怕失败而不敢轻易尝试。但是，如果你不去尝试的话，你可能只是一个打工者，只能一辈子为别人工作。所以，不要将所有的时间都用在工作之中，不要让你现在的工作限定了你的时间，而是利用业余时间去创建一家属于自己的公司。这样我们也就拥有了获得无限财富的机会，也为自己的生活打开了另外一扇门，这扇门将会带领我们通往不同的地方。因此，一定要谨记，为了成为那与众不同的5%的人，不要把你所有的时间都花费在工作上。

第七章 尝尝创业的滋味

现代社会充满了机会，如果能抓住机会去创业，可以说是创富的最佳途径了。但是创业也不是件容易的事，需要做足充分的准备，否则可能会功亏一篑。原始资本、良好的心态、行业优势等，都要提前做好准备。对于才女来说，如果能利用自身的优势，去尝尝创业的滋味，开一些特色店，是很不错的选择。

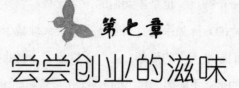

合理储蓄，积累创业的原始资本

“生活在这美好的时代，我可不想等自己又老又丑的时候才过上富裕的日子。我必须要趁着年轻、趁着漂亮的时候多去花钱，每个月的薪水就是完全用来消费的，不然怎么去享受这美好的生活呢!”

张捷这个月刚涨了工资，刚领薪水的她高兴地对男友这样嚷道。她认为每个月的薪水都是用来消费的，不然就不能享受美好的生活了。持有这样的观念，显然她是个名副其实的“月光族”。如果将她的“月光计划”持续下去的话，这辈子可能再也没有机会去创业了。因为没有原始资本，所以根本谈不上创业。和张捷有同样想法的“月光”才女们，千万不要小看这种情况，这可是个十分严肃的问题，因为它不仅关乎你当前的意外风险承受问题，而且还关乎你后半生的生存问题。如果你不想让你的生命在毫无保障的危机中度过，如果不想让你的后半生在凄惨中度过，那么从现在开始，你就必须学会积累原始资本！

有一群生活在巴比伦的商人，里面有屠夫、饭店老板、杂货店老板还有铁匠，他们每天都在谈论怎样致富的事情。后来，他们中的一个制陶工人竟然成了小镇上最富有的人，这让大家感到非常奇怪，因为这个人在离开巴比伦的时候还只是一个普通的工人。

他是如何成为最富有的人呢？所有的人都非常想知道，因为他们每天都忙碌不停，财产还是依旧不会增多。最后他们决定一起去找这个人，让他传授一下致富的秘诀。

巴比伦首富听了他们的要求后笑了起来，说："将赚来的每一分钱都积累起来，这就是我致富的秘诀。"原来，这位首富每次赚到钱后，他便会将其中的10%储存起来。然后他又向众人解释道："这些钱不是让你用来花的，而是用它来为你赚钱的，只要通过明智的投资，这些钱就会翻倍地增长。"

巴比伦首富只是将他赚来的钱的10%储存起来，用做创业的原始资本，最后就成为巴比伦最为富有的人。对于大多数"薪"族才女来说，储蓄无疑是积累原始资本的唯一方式。所以，如果你不想让自己在毫无保障的风险中度过，那么从现在开始，就制订一个储蓄计划吧，这是你迈向"财女"之路的第一步。

现实生活中，有许多人丝毫不重视储蓄。可以说，持这种想法的人，想要实现财富的积累是很难的，一个人要想实现自己的财务目标，必须要改变收支管理方式，要学会"先储蓄，后消费"！

如果你想靠创业成为一个富有的女人，在你没有足够的创业资金之前，每个月的储蓄就可以使你的创业资金源源不断地增长。只要你持之以恒，你很快就可以完成原始资本的积累，你也就迈出了创业致富的最为关键的

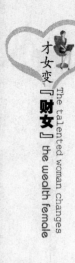

第一步。如果你还没有养成储蓄的习惯，那么不妨试着这样做：

（1）每个月领到工资之后，要做的第一件事情就是定期存款，至少将你每月10%的收入存到储蓄账户之中，当然数额越多越好。

（2）在存钱之前，要对你这个月的支出做一个大概的估计，将本月要开支的数目从你的工资中扣除掉。但是对于用来开支的钱，你当然可以毫不保留地花出去，不要有任何的思想负担，因为这笔钱你花得理所当然，适度的花费会为你带来快乐的心情。

（3）任何时候都不要动用你的储蓄，即使遇到困难，也不让自己的存款受到任何影响。因为如果你没有储蓄计划，就会发生这样一个奇怪的现象：你挣得越多，花得也就越多。

虽然你合理储蓄未必就是为了成为像巴菲特那样的成功人士，但是必定也有自己的目的：房子、车子、孩子，或者家业、事业、学业。只要你对财富动了念头，就应该明白这一切不可能会从天上掉下来。你可以不投资，但不能不储蓄。想要完成“资本的最原始积累”就要先学会储蓄，因为坚持长期储蓄仍然是积累财富的不二法门。对于我们而言，得到“第一桶金”最靠谱的方式还得是“存”。

做足创业前的准备

“在广告公司待了有近5年，积累一些工作经验和资金以后，就出来自己创业了。租来一间小门面，购置了办公用具，刚开始只有自己在支撑业务。但是几个月过去了，依然没有接到一个客户，我的积蓄也只够撑半年的，公司陷入了严重的危机之中。唉，现在才知道，创业真的不像当初想的那么容易，开广告公司也并非只需要有好的创意就可以的了，公司马上要面临关门的危险，下一步该怎么办才好……”

唐娟一向朋友谈起自己的创业经历就唉声叹气、愁眉不展，刚开始她只想着做广告公司，只要拥有好的创意就可以了。但是事实并非如她想的那么简单，经营一个公司是需要考虑很多因素的，但是她却忽略了一些重要因素，最终导致了她在创业的道路上走了一些弯路。

是的，每个人在帮别人打一段时间工后，都会厌倦，都想靠自己的智慧与能力去独自奋斗一番。但是，在独自奋斗前一定要做好充分的准备，否则，到头来一切都会功亏一篑。

也许有些人会说，文学影视作品中所描绘的创业之路都是潇洒有趣的，只要有理想、有抱负最终都是能够取得成功的。可是，生活是现实而残酷的，自谋生路、自己做老板可并非像文学影视作品中所描绘的那样简单。有的人创业第一年因为找不到半个客户，前期投资的100万可能一下子就会没了；有的人创业后，因为资金问题而宣告流产；有的人创业后，会因为没有大公司的庇护，感觉自己好像流浪猫，始终不能入流。资金、财务、市场、行政等各方面的问题都是造成创业失败的重要因素。在你启动你的创业理念之后，你可能会遇到数不清的障碍与困难，但是只要有一个环节或者一个问题没有处理好，就可能会前功尽弃，满盘皆输。尤其是女性，在创业过程中的信心容易遇到这样那样的打击，所以，更应该要在创业之前做好一切准备工作，以免将自己置于风险之中。

陈慧本来在一家北美驻京的办事处工作，后来因为办事处要移至上海，而她不想因为工作而远离家人，也不想再替别人做事情。于是，陈慧就拿着这几年工作的积蓄，成立了自己的公关顾问公司。

“真的太可怕了，第一年的150万元就那样不见了。刚开始，公司几乎没有什么客户，但是仍然要维持运作。我每天都要穿着体面的工装去洽谈业务，直到第二年的时候才能够接到一些活儿，后来才渐入佳境。”如今公

司已经运营有3年了，陈慧仍然心有余悸地说。她还强调："如果没有足够支撑公司运营一年的积蓄，就不要贸然出来创业。"

才女们要创业，从心态到财务，从专业知识到人际关系，每一个环节都考验着你的创业能力。那么，在创业前究竟应该准备好哪些具体措施呢？创业成功者给才女们提供了几条重要的宝贵经验与法则，可供参考：

（1）不熟不做，热门不跟。

亚慧本来是做教学软件代理的，在公司待了几年后，也攒了一笔钱。后来，她听说代理网络游戏能赚大钱，于是就想去代理一个软件公司研发的一款还没有投入运营的网络游戏，据业内人士分析，这款游戏会有极好的市场前景。但是亚慧个人对网络游戏这一行业几乎一窍不通，只听业内人士说，自已也没有判断能力。她当时脑子一热就先预交了10万元的省级总代理费用。但是，到后来由于这款游戏的程序设计起来非常麻烦，而该公司的技术水平又十分有限，因此迟迟未能正式推向市场。亚慧想退出，但是又牵涉到法律程序，陷入了极其麻烦的境地。

俗话说"隔行如隔山"，如果有创业的打算，千万不要投资对你来说十分陌生的行业，否则很可能会失败，只有选择那些自己熟悉的行业，你创业成功的可能性才会大。在自己熟悉的行业内创业，必须要知道这个行业的运营流程，还需要知道这个行业的产品在日标市场上的寿命周期，这样做起来才会得心应手一些。千万不要盲目地听别人说哪个行业非常赚钱，就去跟风，将钱全部投资进去，这样你很有可能会惨败而归，因为大多数热门的行业都已经达到饱和状态了。

（2）在创业前要在大公司磨炼过，有10年以上经验会更好。

你要想成功地创建一个公司，最好是先要在大公司磨炼一下，因为大公司可以开阔你的视野，锻炼你处理问题的能力。

陈容在一家跨国集团公司做经理助理，她在公司里待了足足10年之后，才出来做公关顾问。她觉得在跨国公司10年的经历，不仅让她增长了见识，而且也让她积累了不少与大客户交流的经验。同时，她个人也单独承办过分公司上市、出席达数千人的聚会等，这些都成为她后来独立创业的最好资本。

陈容在大公司积累的一些经验为她创业成功打好了坚实的基础，凭她个人在大公司的经历，大大增加了创业的成功率。因此，对于今后有创业打算的才女来说，在大公司工作不一定是为了积累创业资金，更重要的是还要关注自己以后将要创办的事业。多年以后，等你有了足够的启动资金，熟悉了整个行业的运作规律与流程，一定会提高创业成功率。

（3）加强专业能力、整合能力。

无可挑剔的专业能力与整合能力是一切事业的基础，除了自身的专业知识，你要想从众多的创业者中脱颖而出，还需要有对不同专业领域中的资源整合的能力。因为公司运营不仅仅要靠专业能力，更要有过硬的资源整合能力。

（4）足够的心理准备。

创业是个极其艰难的过程，无论你做什么都会遇到这样或那样的困难与挫折，都会出现许多自己意想不到的问题。这时，你必须要有充分的心理准备。对于可能会吃的苦，可能会出现的失败一定要坦然面对，尽量将期望放低，这样你才能在遇到困难与挫折时不会惊慌失措。也只有这样，你才能渡过难关，尽快让自己走出失败的阴影，最后到达成功的彼岸。

进入能发挥自己优势的行业

“听说了吗？赵琳现在的皮革生意做得可大了，真是想不到人家只用了3年的时间就把规模扩大了一倍。不过，也难怪，人家原来在皮革厂工作，对那行业是再熟悉不过了，况且她这些年也积累了一些人脉资源，这都是人家的优势，取得成功也是必然的了！”

白雪提及朋友赵琳，一向都是赞不绝口。赵琳原在皮革厂工作，几年后，不仅熟悉了公司的运作流程，也积累了一些人脉资源，凭借这些优势，她很快就获得了创业的成功。

成功就是自身优势的发挥，只有在能发挥自身优势的行业之中创业，才能更快地获得财富，否则，只会增加创业的风险。对于有意于创业的才女们来说，一定不要轻而易举地去尝试你一无所知或者无法施展拳脚的行业，而是要从自己熟悉的行业入手。俗话说“男怕入错行，女怕嫁错郎。”但是，对于一个想要创业的女人，入错行和嫁错郎一样可怕。所以在选择创业的行业时，一定要谨慎，不要逞一时之强进入自己不熟悉的行业中。只有进入能发挥自身优势的行业之中，从自己熟悉的行业中干起，这才是规避投资创业风险的有效手段之一。

许多都市才女都是学有所长，拥有比较专业的知识与技能，大多数人在毕业之后从事的是对口的职业，多数立志要创业的，大都是会在完成原始资本积累的同时，还完成了本行业经验的积累与社会公共关系的积累。在本行业中通过长期的调查、实践、观察与分析，对自己所从事行业的经营管理的运作、成本的核算等已经了然于胸，所以，她们大都是以自身所从事的行业开始起步创业的。她们在创业之初就进入了能够发挥自身优势的行业，其创业自然就会如鱼得水，游刃有余。这样，她们创业成功的几率就会比较高，公司的发展也会比较快。

陈琳在一家著名的外企担任人力资源部经理，有8年工作经历的她年薪大约有20万元。因她打算要个孩子，虽然公司有90天的产假，但是由于她每天需要工作10多个小时，始终不是自由身，于是她就决定自己开一家人力资源公司。

说干就开始干，经过一番忙碌后，陈琳的人力资源公司开业了。她自己在外企工作的8年的工作经验不仅使她开阔了眼界，而且也积累了丰富的经验、拓展了人脉，这些都是她独立创业的最好资历。由于她工作过的那家外企有着极高的知名度，所以公司刚开业后很多客户都对她信任有加。陈琳现在在业内已经颇有名气，发展了属于自己的一大笔客户源，每年的收入达到几百万元。

陈琳的经验告诉我们：女性创业最好是要从自己熟悉的、能发挥自身优势的行业入手，从能够充分发挥自身专长与优势的行业中才能掘到财富。否则一味地盲目跟风，只能将自己攒下来的血汗钱赔进去。

其实，创业就如同看大戏，内行看门道，外行看热闹，你千万不要成为那个看热闹的人。在创业之前，要有针对性地选择项目，从事能够发挥自身优势的行业，这样更容易取得创业的成功，更容易掘到财富。

从小钱开始，攫取第一桶金

"公司开业已经大半年了，与公司来往的只是一些小客户，获得的利润也只能顾得住公司日常的开销。杨颖真的有些后悔了，这个项目是经过她慎重考虑过的，当初她曾经十分有把握地告诉周围的支持者，开业后一定会赚到一大笔钱的。可现在凭借产品价格上的优势只能吸引那些小客户前来问津……杨颖突然感觉自己原来畅想的财源滚滚、自己做大老板的愿景是如此虚幻……”

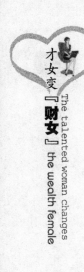

杨颖在创业前与大多数人一样都有着这样的梦想：有朝一日自己的财源就能够滚滚而来，然后潇洒地做个有钱人，做个大老板。然而到最后，她发现那个梦想是多么的虚幻。这是为什么呢？因为她赚大钱的心太急切了，根本就不将那些唾手可得的小客户放在眼里，也不将赚取的小钱放在眼里。要知道“千里之行，始于足下”，任何的成功都是由小到大，由少到多积累的过程，千万富翁的财富也是点滴积累而成的。

在创业之初，很多人都自认为自己是个做大事、赚大钱的人，因此，就不屑于顾及那些小生意，最后不仅钱赚不到，还白白浪费了工夫。俗话说“一屋不扫，何以扫天下”，你连小事都做不好，连小钱都不愿去赚或者赚不到的人，你如何去做大事情，如何才能赚到大钱。如果你抱着只想赚大钱的心态去投资做生意，很有可能会失败。相比之下，如果你能从那些赚小钱的小生意开始积累你的创业资本，会更容易获得成功。许多大企业家、大富豪都是从赚小钱开始起家的，从挣小钱开始，不仅可以培养你的自信心，也可以让你在低风险的情况下积累一定的工作经验，还可以借此了解自己的财商，为以后能够赚大钱打下坚实的基础。

是的，小钱相比大钱来说是很容易赚到的，随着赚钱能力的提高以及对自身了解程度的加深，你就会相信自己也是可以挣到大钱的，挣小钱不需要太多的资金，不需要承受太大的风险。但是挣小钱却可以积累赚钱的经验，锻炼自己的赚钱能力，并且培养自己踏踏实实做事的态度与习惯。

但是，在赚小钱的过程中你也要明白这样一个道理：一分耕耘，一分收获，小钱也是不好挣的，挣小钱有时候也需要付出努力与汗水。作为一个刚创业的才女，一没有社会背景，二没有家族雄厚的资金支持，只有依靠自身的努力去打拼。许多富有的女人也都是从赚小钱开始的，她们也是从做推销、卖保险、做房产中介开始的，但是条条大路通罗马，只要勤奋努力就能获得最初的创业资本。要想赚大钱，就应该先从赚小钱开始；要想做大事情，也应该从小事做起。发财不求暴富，实实在在挣些小钱，一点一滴地积累，在不断拼搏的过程中，体验人生的滋味，体验成功的来之不易，这样才能找到创业的快乐，才能在成为巨富以后更加珍惜和利用手中的财富。有许多人在创业的过程中都是遵循了这样的一个道理，从而走上了快乐的创业之路，抓住了获取财富的机会，实现了自身的人生价值。

在北京一家外企工作的贝琪，为了创业辞去了自己的“金饭碗”。刚开始的时候，她对创业充满了热情，但是她缺乏一些必要的经验，并且眼高手低，总想着一个电话就能为公司拉来大量的业务。结果公司开业不到半年，她就将自己创业的资金全部赔进去了。资金没了，她就在中关村做起了回收旧电脑的生意。但是没有想到的是，在收破烂这个行业中，她越做越好，她的创业资金也慢慢地积累了起来。到现在，她又开了一家专营电器的公司。

对此，她说：“回收旧电器、旧电脑，虽然起点很低，但是这却极大地锻炼了我的心理承受能力。如果有一天我的生意再做砸了，我也不会太害怕了，大不了再去回收旧电器。如果真是这样，我依然可以积累起新的创业资金。从另一个角度来说，我是从低起点起步的，是从挣小钱开始的，所以每当我向前迈进一步，就会感到异常的开心，我感觉自己是在不断地提升，特别兴奋。起点低不怕，只要自己能够不断地往前走，不断地提升自己，就一定可以取得创业的成功！”

贝琪在创业失败后，就是从小事做起，从挣小钱开始积累自己的第一桶金，她的成功告诉我们这样几个道理：

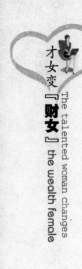

第一，在任何条件下都不要幻想天上能够掉下馅饼来，只有依靠自己的头脑与双手才能获得财富。

第二，不要觉得自己是非常了不起的人物，从而不屑于做一些不起眼的小事情，不屑于去挣小钱。

第三，创业之初要脚踏实地地从每一分钱挣起，积少才能成多。财富不怕少，就怕不积累。

第四，根据自身的实际情况去设定创业的最低起点，等自己积累了一定的财富之后，才能一步一步地提升自己，去发展属于自己的公司。

女人会“算计”，前途有希望

“赵蓉真是会‘算计’，她本来有一家服饰专卖店，生意还算不错，服装店只需要两个服务员打理就足够了。所以，她平日里也十分清闲，一直对我说自己还想做点什么。一次我俩出去吃海鲜的时候，发现海鲜店的生意非常不错，于是，她就想去做海鲜批发生意，做了两个月生意还真不错。之后，她对我说，与她店里同样的鱼，饭店能卖到54元，而自己只能卖到14元，中间的利润太大了，就想着自己开饭店。于是她就找到了一处客流量大的地方，找了一个好一点的厨师，开了一家餐馆，生意也出奇的好。你说她怎么那么有财运呢，唉，想想也是，她的财运都是精心算计的结果！”

从李静的话中可知，赵蓉确实是一个会“算计”的才女，这种会“算计“的本事确实给她带来了许多财运。从服装生意到海鲜批发生意，又到饭店生意，她做哪行都能赚钱。可见，会算计确实能给人带来财富。这也正应了那句话“吃不穷，喝不穷，算计不到就受穷”。仔细想想这句话也是有一定道理的，要想赚钱，就要有打算，而女人要想赚钱，更要学会去“算计”，要认真地去规划。也就是说你只要花一些时间，认真地想一想，自己想做什么，怎么去做，有了思路与方向后，再精心去计算，并且不断地探索与发展自身的潜能，好运也就自然会降临到你的头上，赚钱也并非是难事了。

与男人相比，女人更容易相信“一切自由天定”的说法。所以，遇到困境不是想办法去解决，而是宁愿将决定权交给命运，认为自己的“运数”好坏与否都是早已被上天安排好了的，多做也无用！这些都是错误的，你可以想一下，那些成功的女人就真的完全是凭借上天赐予的好运气而成功的吗？当然不是啦，她们所做的一切都是她们自己精心算计、努力拼搏的结果！

本来，察识大趋势、制订长远规划并非是女人的所长，但是人生本来就是一个学习的过程，想赚钱的女人很有必要去好好地“算计”一下自己的未来，这样才能让你更快地成为“财女”。晴雯就是一个靠“算计”走上财富之路的。

晴雯大学毕业后，进入上海一家外企工作。她本人酷爱逛街购物，对名牌产品也十分了解。一年后，她有幸成为公司的优秀员工，得到了一次畅游香港的机会。她部门的人得知后，都托她从香港带些品牌化妆品、服饰和电子数码等商品，因为大家都知道那里的品牌产品很便宜。

晴雯带上了一份长长的名牌购买清单到了香港，这次可解了她的购物瘾了，从香奈儿服装到日本数码产品，从德国的水龙鱼到印尼的鱼翅、燕窝……都一一给同事们买齐了。回来后，令晴雯感到意外的是，几位同事出于感激，竟然不约而同地塞给她几百元辛苦费。没想到自己能赚到这么多跑腿费，这时晴雯就产生了一个大胆的想法：名牌产品在两地的差价很大，如是能替人代购名牌商品，自己只从中收取商品价格10%的手续费，

商品也会比内地要便宜，她为自己的想法激动不已。

于是，晴雯便利用各种渠道掌握了国外名牌产品的各种信息，她抓住国外名牌产品大降价、打折的时机，开始了她的代购规划。她先在各大购物论坛和QQ群以及自己的网上代购小铺里发布了欧洲夏季打折商品信息，图文并茂地介绍诱人的折扣价，很快引起了时尚达人的关注。后来，她的生意格外好，还在网上建立了自己的代购网站，并在世界各地招募了一些华人留学生做她的兼职代购员，如今这张网已经覆盖了28个国家和地区。晴雯调侃说，她拥有一个“小联合国一样的代购团队”。

晴雯将自己的购物爱好变成了赚钱的优势，一方面满足了自己的爱好，另一方面又成就了一番事业，为自己掘到了财富。一个人一生要走很多路，但是重要的也就那么几步，关键是要学会用心、去规划去算计。只有花一些时间，认真地想一想，自己想做什么，怎么去做，有了思路和方向，精心计算，并不断探索和发展自身潜能，好运自然会降临，赚钱也就不是难事了。

会“算计”的才女就等于为自己在十字路口设置了一个方向标，提前在迷雾中为自己的人生点燃了一盏明灯。在明灯的照耀下，一定能开拓出一番属于自己的事业。会“算计”的女人不会总将眼睛盯着别人的赚钱方法，而是会运用自己细心敏感的优势，从自身的实际出发，结合周边的环境，开动脑筋，运用智慧，去发现商机，把握机遇，最终成为财富的主人。

教你开网店，踏上时尚挣钱路

“听说黛娜开了一家网店，生意十分不错唉！原以为网上购物还不成气候，没想到她却获得了成功，并且听她说每天都有很大的销售量，比开实物店铺强多了。听她说，刚开始的时候她只用一台电脑、一部数码相机与3000元的启动资金，找到了童装生产厂专门销售厂家的原单童装，在旺季她的纯利润每月能达到8000元，在淡季每月也有3000元，噢，比去公司上班确实强多了，天天在家还能赚到那么多的钱……”

谢丹向朋友提及黛娜的网店，就十分羡慕，很想尝试一下。这是个信息化的时代，网络世界无所不在，黛娜利用开网店的方式踏上了时尚挣钱路，她只用一台电脑、一部数码相机与3000元的启动资金就获得了丰厚的利润。可见，网上开店真是一种省时、省力又省资金的好办法。特别是对于女性来说，足不出户，就能“网”盖天下客。

有的才女也许会问，网络开店怎么开，需要注意哪些问题呢？其实，如果你想要开网店，首先要确定“卖什么”，目前个人店铺的网上交易量比较大的有服装、服饰、化妆品、珠宝饰品、手机、家居饰品等。关于这些品种，网上开店与传统的实物店铺经营制胜的法则并无多大的区别，选择有竞争力的商品与商品的市场，是成功的重要因素。除了这些因素，还有其他的一些诀窍：卖什么、批货源、促销售。

第一，选择好网上店铺的销售项目，也就是要“卖什么”。

在考虑自己究竟要卖什么的时候，要根据自己的兴趣和能力而定，尽量避免涉足自己不太熟悉的行业或者不擅长的领域。同时，要确定你的目标顾客，要从他们的现实需求出发选择商品。

目前网上店铺面对的客户群体有主要有两大特征：年轻化特征，他们主要以游戏为主要目的，其中学生群体占相当的比重；其次就是高薪化特征，白领或者准白领占相当大的比例。了解了“顾客”的基本特征后，你就可以根据自己的资源、条件与爱好来确定是迎合大众需求还是独辟蹊径打出“特色”。

但是，一般情况下，商品的价值越高，你的利润就会越大。当然这对于刚刚开始创业的才女来说是不小的负担。体积较大、较重而价格又偏低的商品是不适合在网上销售的，因为邮寄时商品的物流费用太高了，如果将这笔费用分摊到买家头上，肯定会降低买家的购买欲望。因此，网上开店，还是要选择那些体积较小，便于物流运输的商品。

具体来说，网上开店究竟卖什么最热门呢？哪些商品是人们在网上最喜欢购买的呢？据最新统计显示：时尚服装、精美饰品、床上用品、数码产品等成为人们搜索最多的关键词，我们通过这些关键词也能感觉出人们现在的购物时尚，也为想在网上开店的人提供一定的时尚导向。

第二，寻找资源。

下定决心卖什么以后，就要开始寻找货源了。网上店铺之所以有利润空间，成本低是重要的因素。要获得利润，你必须掌握物美价廉的货源，这是网络经营最为关键的。比如以服饰类商品为例，一些知名品牌均为全国统一价，在一般地面店最低只能卖八五折，而有的可以卖到七至八折。而在网上，服饰类商品价格是商场的二至七折，这样更多的顾客才愿意到网上来选购。

那么，如何才能找到价格低廉的货源呢？

(1) 一定要密切关注目标商品市场的变化，多方比较寻找物优价廉的货源。

就拿网上销售很火爆的那些名牌衣物来说，淘宝卖家们通常都会在商品换季或者是在特卖场里淘到款式与品质更上乘的品牌服饰，然后再一转手在网上卖掉，他们就这样利用地域或者时间的差价获得不小的利润。

依娜凭借价格上的优势，赢得了许多网购者的青睐，其主要原因是她的进货价格十分低廉的，为此，她可没少费工夫。

一次购物的时候，她注意到商场里那些换季的名牌服装甚是便宜，大部分都在5折左右。依娜这时就想，如果能将这些打折商品买下来，等到第二年再按原价卖掉，岂不能赚到很大一笔。于是，她就立刻行动了，那时候是春末夏初，她将商场中那些质量较好，款式较新的春装全部都买下来，放在家中。到第二年初春的时候，再拿出来卖，在那些新款式没推出之前，她囤积下的春装很快就被抢购一空了。于是，她每到换季之时就会到各大商场买衣服，然后放在第二年去卖，着实捞到了不少好处！

依娜利用商场中换季服装的价格优势，将之挑买回来，到第二年季节来临时，再将之买出去，着实也是一种好办法，才女们也可以借鉴。

（2）多跑批发市场。

要多往一些地域性的批发市场，如北京的西直门、秀水街、红桥，上海的襄阳路、城隍庙、七蒲路等服装批发市场。这样可以让你熟悉行情，又可以拿到便宜的批发价格。

弗莉在家开了一个网店，她就住在北京南城，家附近有许多服装批发商城，除了在家的附近进货以外，她还会去西直门、动物园等大规模的批发市场去淘货。后来，她逐渐地与批发商建立起了良好的供求关系，能够拿到第一手流行的货品，这样使她能够保证在网上推出既时尚又低价的商品，生意大大转好。

找到低价的货源以后，你可以先进少量的货品试卖一下，如果销量好的话再考虑增大商品的进货量。在网上，有些卖家与供货商关系很好，往往是商品卖出去以后才去进货，这样既不会占资金又不会造成商品的积压。

总而言之，不管你是通过何种渠道去寻找货的，但是物美价廉是网店成功的关键因素。只要你找到了物美价廉的货源，你的网上商铺就有了成功的基础。

（3）网上商铺的销售策略。

网店与实际的商铺是不一样的，它具有一定的虚拟性，因此，它的销售策略就自然具有鲜明的“网络”特色。

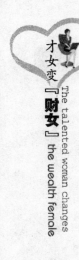

网上新店刚开始的阶段，其利润可能近乎为零，这个阶段主要是提高人气，提高商铺的信誉度。

①要多发帖，发有效的帖，可以积极有效地宣传你的店铺。

一位皇冠级卖家的店铺每日的浏览量可以达到几千，假设10个人中只有1个人买东西，那么其每天的成交量就可以达到几百。而对于新手卖家人气则是达不到的，其人气指数与之相比是天壤之别，要想提高，就是多发精华帖，看帖多回帖，将你的网店加入到各大搜索引擎中去等。发帖不仅仅局限于淘宝网，你还可以在Baidu、Google、163等大网站中去搜索与你商品相关的各大论坛，然后在这中间发帖，并留下你的联系方式。不过，也别只顾着发帖子，还要注意多回帖，抢占有利的地形，回有意义、有内容、有质量的帖子。回帖时要注重一些技巧，一是抢占有利的位置，要知道普通帖的第一页、精华帖的前两页和后一页都是做广告的有利位置。如果配上好的头像与签名，一定能起到不错的宣传效果。

②除了发帖可以帮你宣传做广告以外，也必须采取一些其他的广告策略。

比如在阿里旺旺里加入或创建新群就是一个很不错的办法。大家不妨多加入同类商品的群、同城交易的群或是同种兴趣爱好的群，还要积极邀请其他人参与到自己所建立的新群中来，这样参与的人越多，广告效果也就越好。不仅仅要在阿里旺旺加入或建新群，在QQ中也可以采用这些方法，这对于新的店铺来说，不仅可以提高人气，也可以吸取不少的经验与教训。同时，还能够结识到不少卖家与买家。广告不仅要发在群中，还可以投放到你的校友录里，或博客中。此外，你可以与其他卖家做一下友情链接，也可以提高人气，相互间可以交流经验。

对于给自己的店铺做广告，特别要注意分寸，不能操之过急。对于赚钱，也要有良好的心态，开网店是为了赚钱，但凡事也不要太看重钱，有时候心中只想着钱的话，你所做的事情就会适得其反。只要抱着平和的心态，更容易让你得到一些意想不到的收获。

③商品的质量与价格也是提高人气的主要手段。

商品的质量是店铺的核心，如果质量不好的话，哪怕刚开始就有几个成交生意的话，客户也不可能再上第二次当了，并可能会在论坛中发帖，这样反而会起到坏的影响。所以，在网上开店也一定要讲求诚信，要讲求货真价实。

另外，就是商品的价格，对于新手卖家而言，在价格上，只要不亏，或者少亏些，那就咬咬牙卖了。这些你都不要担心，这样做最起码会给你带来信誉，新店铺的先期目标就是为了赚取人心。

④提高人气的灵魂所在，那就是服务。

一家店铺的服务质量的好与差决定着它以后的前途与命运。要想提高服务，务必做到以下几点：

①要尽力做到热情服务，做到诚信经营。

卖产品不如卖自己，当你将自己推销出去了，让客户接受你，那么你的产品也很容易被接受。服务是一家店铺的灵魂。如果灵魂丧失，那么你的店铺也就如同行尸走肉了。

小陈在网上开了一个服饰店，向顾客说如果质量不满意，可以包退包换，她是真正地做到了包退包换，并付了来回的邮运费，并会很诚心地向客户说对不起。由于她热情周到的服务，许多顾客都愿意去买她的服装。

②注意与顾客交流时的用语。

在网上沟通要十分注意沟通的方法以及说话的一些技巧，这样会让你少碰些钉子，也可以让买家通过你的语言对你的店铺产生良好的印象，促使购买行为的产生。

③掌握一定的服务策略会获大利。

对顾客适当地发放一些赠送礼品是一种极好的促销策略。你可以试想一下：好商品，便宜的价格，又可以拿到一些小礼品，谁都会喜欢的。所以，你可以在卖东西的时候，适当地赠送一些小礼品，这样会给买家带来极大的惊喜。一种愉快的购物心情不是用钱就可以买得到的，顾客高兴了，就自然会记住你，下次还会光顾你的店铺。当然，在送礼品的时候，一定要根据你所售商品的档次，便宜的东西可以送一些圆珠笔、小饰品等，贵一点的可以送一些毛巾、化妆品、小包等！需要注意的是，送的东西上一定不要忘让印上你的店名和联系方式！这些赠品花不了多少钱，但是却会给你带来不小的利润。

"楼上"小店赚大钱

"哈哈，想不到我把店开在家中也能赚大钱。我本来在商业街开了一家饰品店，生意固然不错，但是由于铺面租金太贵，一个月下来也赚不到什么钱。后来，由于商铺又涨价，我就索性把店开到家里了，我的饰品搭配得很有特色，也很有个性，而且品种也齐全，价格又便宜。起先只是朋友来家里买，后来凭借良好的口碑，朋友又介绍了其他的买主，一段时间后，顾客就又多了起来，获得的利润当然要比在商业街的时候强多了！"

曼迪这样津津有味地向周围朋友分享自己的生财之道。起先她的商铺开在街道上，但是由于租金太高，她就将店铺搬到了家里。凭借极具个性的产品与优惠的价格，她的产品获得了周围朋友的青睐，朋友又介绍其他的顾客来，这样她的生意就一下子火了起来，获得的利润要远远比在实体店里的大。这就说明，在"楼上"开店也是可以赚大钱的。

都市商铺租金高涨是许多人选择开"楼上"小店的主要原因，有的甚至还将小店开到自己家里或者写字楼里去。这样固然可以省去大量的租金，但是，开"楼上"小店并不见得个个都能淘到金。业界人士称："这类店铺虽然在房租这一块的费用省去了不少，但没有突出的门面和充足的人流，往往会给店铺带来极大的经营风险，最终还是要靠经营实力才能取胜。”

聪明的才女们如果想省去租金，要将店铺开到“楼上”去，就要判断一下你要开的小店是否具有发展潜力，怎样去判断呢？

一是，看商品的定位是否有特色。

二是，能否为店面所在的住宅区或写字楼提供相应的配套服务。这里需要提醒的是：开设“楼上”小店前一定要仔细考虑它和临街店铺、商场专柜相比的优劣势，然后再做出决定。

下面是开设“楼上”小店的几个成功方案，可供才女们借鉴。

（1）楼上宠物服饰店。

店主海伦是学服装设计的，她对做衣服一直倾注着极高的热情。2008年年底的时候，小狗成为她家中的一个成员，于是她就试着给她的小狗做衣服。海伦为它选配的短裙、毛衣、马甲等，很快成为社区中的抢眼货。当海伦带她的小宠物出门散步时，总不时地被喜爱宠物的人物拦住问“在哪儿给小狗买的衣服?”于是，海伦打算开一家宠物服饰店，她所在的小区有几十栋楼，很多人都养有宠物，于是她就萌发了在自己家中开一个宠物服饰店的念头。

想着，她就开始动手了，她将家中的一间屋子腾出来，做了很多可爱的小猫、小狗的小衣服、小帽子、各种造型的宠物窝与被垫等，还有品种多样的宠物食品、宠物玩具和宠物配饰。海伦随后又印了自己的名片在小区里发，由于她卖的价格要比外面店铺里便宜很多，而且做工与质量也相当不错，光顾的人越来越多。小店的生意越来越好，并辐射到其他社区中，海伦也掘到了不少金子。

对此，海伦透露了四条制胜秘诀：

①动物的服装要做得精细，不要因为是动物的衣服就敷衍了事。

②可以推出各色套系，比如可以推出春秋装、夏装、冬装，推出一些别具一格的宠物“情侣装”“母子装”“姐妹装”等，富有情趣又可以增大销量。

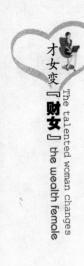

③也可以批发或者动手制作一些宠物的配饰为服装增色。

④针对顾客的不同需要，可以逐渐提高服饰的种类与档次。同时还要为顾客提供周到热情的服务，这样才能让生意更红火。

（2）楼上乐器调音店。

梦琪从小就非常喜欢音乐，她从小就开始学弹电子琴、吉他、古筝、小提琴。她对这些乐器都算不上专业，但是这么多年“修炼”下来，她对乐器也算得上是半个行家里手了。

梦琪家住在一个高档住宅区，而且附近楼盘林立，拥有钢琴、小提琴等乐器的家庭是越来越多。于是，她想乐器使用时间一长，是需要调音的，如果能给小区里面的乐器用户调音，说不定能赚到一笔外快呢？

想法一出，她就着手开始干，反正也没有成本，说不定还是一个巨大的市场空白点呢！于是，她果断决定要为那些有乐器的用户提供一些调音、维修等服务，同时可以兼营乐器及这方面的书籍、磁带、CD等。

她首先就是要找到顾客，吸引顾客的方法就是现身说法与散发名片。每天晚上下班后，梦琪都会在小区的广场里弹奏吉他或小提琴，悠扬的琴声总能吸引一些人驻足倾听，而在一曲终了，她会做简短的自我介绍并给大家发精心策划的名片。

很快，就有很多人上门要请她去为家里的小提琴调音。后来，一传十，十传百，她的“乐器调音专卖店”渐渐名声在外，甚至很多附近小区的人也来光顾或介绍朋友前来。为了照顾客人的需要，她采取驻家调音、推销乐器书籍、光碟和上门服务相结合，下一步，梦琪还准备利用周末在家里增设一些乐器培训业务。

梦琪制胜的秘诀是:

①自身有一定的音乐造诣，同时掌握着乐器的调试技术以及对书籍、CD的经营策略。

②所在的小区较大、有一定的需求能力。

③开始的自我推销很重要，打开局面后就能在家安然守店了。

④密切注意顾客的需求，将他们当做新产品的研发对象。

(3) 楼上家庭小书吧。

小玉是一位全职太太，她的丈夫酷爱读书，家里最大的财富就是他那满满的一屋子书。在丈夫的熏陶之下，家里的每位成员都养成了读书的习惯。有一天在看书的过程中，一个意念闯入小玉的大脑中，为什么不利用家里的这种资源开个小小的家庭书吧呢?

她家的书房本来就是家里面积最大的一间，四壁的书柜都是现成的展台，如果再买来2套休闲桌椅，再添置一些有品位的时尚、文化杂志和报纸就足够开业了！小玉这样想着就开始为她的书吧准备，她先是印发了一些精美的宣传画，上面“给你一个让灵魂休憩的空间”的广告语吸引了许多人，很快就陆陆续续有人上她家来看书了。他们可以选择在书房里面看，也可以到客厅及阳台随处就座，还设立了与读书有关的配套设施如抱枕、靠垫，同时也兼卖一些茶水、饮料等。在读书的时候，也会适当地放一些高雅的音乐，以营造舒适的读书氛围。收费方面主要采用会员制与非会员制相结合的收费标准，会员制有月卡、季卡和年卡，分别是30元、65元和255元，当然有了会员卡的读者看书的次数是不限的。

而非会员来看书就以小时计算，每小时大概只收0.5元。同时开展租书外读业务，短则1天，长则1个月，根据书的不同，收费从2元至10元不等。另外，除了读、租书业务，还设立了新旧书籍交换和专卖业务，针对不同的读者购进和卖出一些书籍，也略有赢利。这些书报、杂志品种繁多，同时收费又不高，她的小书吧很快就成为小区里许多人闲暇时驻足的场所。

对此，小玉的制胜秘诀是：

①书报杂志的种类一定要多种多样，这样可供选择的范围就比较大。

②主人自己也爱好读书，与前来光顾的客人有共同语言，能够酿造一种外面商业书吧没有的人文气氛。

③能够充分为顾客着想，布置一些舒适的设施：如抱枕、靠垫；还提供一些配套的服务，如茶水、饮料；还可以优化阅读的气氛，如各种高雅的轻音乐。总之，要营造舒适惬意的书吧氛围。

④营业形式要多样化，会员制和非会员制相结合，同时开展租借书，尽量吸引更多的人前来。

（4）楼上净菜外卖店。

怀兰是搞平面设计的，她的设计图大都是在家中完成的。有一天，冰箱里储存的食物吃完了，她就决定去离家大约1站路的菜场买东西。在走向菜场的路上，她突然想到，自己所在的小区离出售配好净菜的超市有两站路，离菜场有1站路，许多人下班回家后就不愿再出门去了，所以总是趁周末一次采购回1周要吃的菜，放在冰箱里。这是无奈之举，于是她就琢磨：反正自己空闲时间比较多，如果办个“净菜外卖店”，既可以增加收入，又打发了空闲的时间。

想到后就开始实施，怀兰买来一些一次性的器皿，印发了一些自己设计的宣传单，上面除了她的电话及住址外，还有她外卖的菜肴名称，比如鱼香肉丝、官爆鸡丁、腊肉炒蒜薹、芹菜炒肉等20余个品种，价格从1元到10元不等，她的“净菜外卖店”就算开张了。由于她开展的是送菜上门的服务，在同一个小区内方便快捷，价格也不高，因此生意很快红火起来。

怀兰的制胜秘诀是：

①所在的小区有一定规模，大多都是繁忙的上班族。

②配的菜一定要新鲜、干净、清爽，如果能够用营养知识去搭菜则会更好，同时还可以在送菜上门的时候向顾客讲解一下，使人产生信赖感。

③由于主要业务在所在的小区，因此每天的配菜量不宜过大，以免未售完造成浪费和损失。

④要不断地总结，受欢迎的菜目可保留下来加大数目，并根据顾客的需求定做。

（5）写字楼上的“潮流”服饰馆。

陈梦在上海某写字楼的8层开了一家潮流服饰馆，经营的都是从上海拿来的外贸货，来这里买衣服的基本上都是写字楼里的白领阶层与一些老顾客。陈梦自己也在这座写字楼里上班，她雇了两位服装导购来为自己服务。店里的服饰都是紧跟潮流、时尚，而且价格也极其合理。有时候，她也会根据顾客的需求，经营一些职业套装。

为了吸引更多的顾客，陈梦就在许多网站上发帖子，同时还建立了自己的网站，现在小店的生意十分不错，信誉也很好，有一半以上的顾客都是朋友介绍过来的。

陈梦的制胜秘诀是：

①自身要有极好的审美眼光，并且能够洞察时尚流行趋势，紧跟时尚的服装自然就会受到白领的喜爱。

②具有一些服装搭配技巧，能够为顾客提供良好的穿衣搭配建议。

③自己要有极好的人缘，这样就有充足的客源。

④要注意顾客的要求，除了以时尚服装为主外，也要经营一些职业套装。

⑤注意网络媒体的宣传。

小资情调特色店

"每个人都希望自己吉祥顺利，于是，我的吉祥物专卖店在这个念头下诞生了。我的吉祥物源自中国民间传统，经过精心的设计雕刻，可以让人从心理上感觉它在发挥趋吉避凶的功效。为了吸引顾客，我在每个吉祥物旁边都摆有比较详细的说明书，包括它适合什么生肖、作用、应摆放的位置等，让顾客进来后能够有目的的挑选……呵呵，这些小吉祥物都是富有情趣的，吸引了一大批追求时尚的都市青年男女，利润也相当可观!"

阿玫这样向朋友介绍她开的具有小资特色的吉祥物小店。她的小店极富情趣，吸引了许多爱好时尚的都市青年男女，获得利润也是必然的。

也许有人会问，小资情调的特色店固然是有赚头，但是，具体如何去操作呢？呵呵，下面几个成功的案例可供你参考，你可以从他们的经历中汲取一些经验来。

(1) 开家电影画廊。

陈晔是一家公司的普通职员，从小到大，她一直都很喜欢看电影。每次看完电影，她都会去收集一些关于电影的宣传画，时间久了就拿出来看看，再回味回味一下剧中的情节，她觉得这种感觉非常美好。

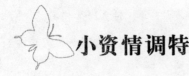

一次，陈晔从电影院出来后突然萌发要开一家电影画廊的想法，她想与她一样爱好电影艺术的人们一同分享这一快乐。

她将画廊的地点选在一家电影院旁边，她的画廊里所张贴的海报大多是很经典的电影故事片，如马龙·白兰度在《欲望号街车》里的剧照，奥黛丽·赫本在《罗马假日》里的剧照，每张剧照都制作精美，背后附着动人的电影故事，而且价格也不贵。画廊散发着浪漫、梦幻般的情调和令人向往的色彩。

刚开业不久，电影画廊就吸引了一批对电影情有独钟的客户。每次来画廊，他们都会兴致勃勃地欣赏电影海报，随后也常会心满意足地挑选几幅画回去。陈晔的生意越来越好。如今电影画廊已有两年了，不仅收回了投资的成本，而且还获得了丰厚的回报。同时，她还准备再筹集资金开第二家更大的画廊。画廊的地点选在一个开发区，那里有数以万计的白领、金领和大学生，将是潜力巨大的市场。

对此，陈晔开店的经验是：要开画廊，生存是第一位的。要想吸引客户，首先必须要打开市场，将目标锁定在热爱电影艺术和有小资情调的女人身上。他们大多数是校园里的学生与企业中的白领阶层，还有一部分自由职业者，大都受过良好的教育，有一定的欣赏水平与文化品位。至于销售方法可以选择多样化：可以利用星期日与假期为大学生开设一些电影讲座，介绍一些电影故事与一些著名的电影明星，也可以邀请大学生到画廊参观。

为扩大影响，提高画廊的名气，还要印刷一些精美的广告单，在写字楼和大学校园门前发放。

（2）开家宠物“托养所”。

李惠平时就非常喜欢养宠物，但是常常会因为上班或者出差而无法照料它们，于是，她也经常将宠物寄养在做自由职业的朋友家中。后来，她突发奇想，就萌发了要开一家宠物“托养所”的想法。

李惠的宠物“托养所”装饰得像动物乐园中漂亮的店面，令那些上班族与经常外出的人非常喜欢。每次顾客上门之后，只需要简单地填写一张包括宠物特性、宠物吃什么、一天喂几次、家庭地址、电话、大致托管几天及双方责权的表格即可。托管完毕后，顾客就将托管费交给李惠。同时顾客还要接受一些条款，比如，顾客在规定期限内不去领养自己的宠物，那么“托养所”将有权将宠物出售。

现在，李惠的这家“托养所”里每天都异常热闹，上门的客户一天比一天多，而且他们只要进来将心爱的宠物托养一次，就会成为回头客。而李惠也有幸可以照顾许多可爱的小动物了，既赚钱又可以满足她个人的心愿，真乃一举两得。

对此，李惠的开店心得就是：要办好一个宠物“托养所”，首先需要有几间可以饲养宠物的房屋，同时也要具备一些饲养宠物的基本知识和一些基本的动物养护常识，另外做适当的宣传也是必不可少的。

此外要注意的是：开办宠物“托养所”是需要承担一定责任与义务的，如负责托养期的料理、照看等。如果有宠物在托养期间生病、死亡或者丢失，托管人员就应该负责治疗与赔偿。这就需要在接受托养时进行一些必要的身体检查，并要根据宠物自身的情况及价值合理地定出赔偿价格。

(3) 开家梦幻烛光店。

杨梅是个很讲求浪漫情调的女人，一次他先生安排了一顿烛光晚餐，让她萌发了要开一家烛光店的念头。在烛光之中，与平常一样的饭菜，还是同样的人，但因为增添了摇曳的烛光，所有的东西都多了一份朦胧的美，在这样的环境中，人的心境也会变得格外柔和。

说干就干，杨梅拿出5万元积蓄，在外面租了一个小门面。小店精心地装修了一番，室内的光线与错落有致的货架营造出梦幻般的效果。结果，烛光店的生意就出乎意料的好。

杨梅把各种颜色、各种款式的蜡烛都备得非常齐全，几乎每位顾客都会用极长的时间去观赏，到最后总会买走自己最喜欢的蜡烛。有一种叫“果篮”的蜡烛，摆着各色亮丽“新鲜”的水果：有白肉红皮的苹果、红肉绿皮的西瓜、黄澄澄的梨，拿近鼻端，居然还有扑鼻的果香！还有一些透明的"冰"蜡烛，红黄蓝绿，色彩各异，晶莹剔透，十分精致。大概是人们越来越关注生活质量与精神享受吧，小店中的蜡烛迎合了都市人的怀旧与浪漫情绪。因此，这些精美的蜡烛很受欢迎，为杨梅带来了非常可观的利润。

杨梅的开店心得是：首先，开烛光专卖店最为关键的就是店面的设计与布置要吸引人，营造出的浪漫氛围可以刺激消费者的购买欲。然后，所卖的蜡烛一定要在形态以及香味上做到琳琅满目，这样才能可以吸引不同消费者的眼球。最后，应该推出各种套系，如生日系列、新婚系列、约会系列、庆祝系列、青春系列等，以满足不同人群的需要。

（4）开家鲜花茶吧。

五颜六色的鲜花经过加工干燥后即可泡饮，不仅味美，而且看上去赏心悦目。小蕊的鲜花茶吧讲究营养与情调，吸引了许多人光顾。

通常来说，在茶吧里具有保健养颜功能的鲜花比较热销，比如红玫瑰、白菊花、百合花、芍药花、千日红、金银花、杜鹃花等，每公斤成本价都在100～300元。除了选择好的鲜花品种以外，她还在茶具上下了工夫，她买来一些别致、精美的陶瓷茶具，并在颜色上与花茶的颜色讲究搭配，处处营造高雅品位。如玫瑰花茶雍容华贵、绚丽多姿，就用色彩艳丽、图案繁复的陶瓷茶具，冲出来的花茶色彩缤纷、香气沁人，让品茶成为一种美的享受。

小蕊的开店心得是：在开业的时候一定要做好营销宣传工作，尤其是要向顾客介绍清楚各种鲜花茶、水果茶的功效，以指导顾客根据自身的情况选择饮用适合自己的茶。另外，还要细心地在店里面营造出一种富有浪漫气息的氛围，才能让那些女人喜欢上品花茶的感觉。最后，对于茶吧的

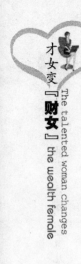

设置和装饰，一定要显示出高雅、朴素、平和的特色。

(5) 色彩咨询室。

张彤是搞设计出身的，她天生对色彩就有一种敏感，开家色彩咨询室的念头在她脑中已经停留了很久。色彩咨询室是为了给那些乱穿衣的爱美女士提一些合理的建议，让她们变得更加美丽。什么样的色彩搭配是最合理的？怎样能走出色彩组合的误区？带着众多女士的疑问，张彤的色彩咨询室开张了，专门给那些爱美的女士提供色彩“诊断”指导。

张彤根据顾客的肤色、发色及瞳孔色进行全面的分析，为顾客提出适合本人的色彩建议，如穿衣、化妆等，让顾客依照自己的特色打扮自己，从而达到提升个人形象气质的目的。同时，张彤还会通过一系列“诊断”为顾客提供色彩“造型”，并为顾客定下色彩基调。

同时，她还会进一步根据顾客面部、形体特征、整体气质等确定最佳服装款式风格，并对服饰的质地、鞋帽饰物以及发型特点等给予一系列指导。

色彩咨询属于新兴类的服务业，许多顾客常常会带着好奇心光临咨询室，为此，张彤都会用最热情的服务，给顾客提出合理的建议。几个月以后，她的店就给自己带来了巨大的利润。

张彤的开店心得是：首先，色彩咨询室迎合的主要顾客群为白领女性，所以该室最宜开在白领阶层相对集中的写字楼、商务区附近。当然，对即将踏入社会的女大学生也不容忽视，她们是潜在的消费者。其次，还需要有一种与众不同的创意灵感，才能够开拓出更广阔的创业空间。最后，要多学习知识，学习别人的经验。这种创意的灵感来自于对生活的独特感悟与体验。

打造全方位“富婆理财计划” Part 4

一个人的收入主要源于两个方面：一方面是自己的收入，另一方面是理财的收入。你收入再高，不一定会成为“财女”，还要学会理财。不会理财的女人即便拥有再多的财富也会将之挥霍一空，到头来还要为衣食忧愁。所以，会理财是通往财富之路的必要条件。才女们如果想尽早演变为“财女”，那就尽快学会理财吧！

第八章

自省：那么多钱到哪儿去了

现代社会，物质极为丰富，许多才女很难经受住商场中琳琅满目的商品的诱惑。一旦去了商场，她们逛街之前的消费计划与预算便马上烟消云散，血开始往上涌，头脑开始发热，看到自己喜欢的就会毫不犹豫地买下，不管它们是否实用。到月末要负债度日的时候才为自己的行为追悔莫及。才女们如果不想再为自己的行为痛苦后悔，就应该马上静下心来自省一下：钱究竟哪儿去了？

为何每月都要负债度日

“我月薪过万，每天坐的是公交车，吃的是快餐饭，但是，我的银行卡的余额都是零，每个月领完薪水后的第一件事就是去支付大量的银行账单，生活十分窘迫。我也不太清楚我那么多的钱花到哪去了？只是知道发了工资就会和同事去逛商场，买几件时下最流行的名牌服装，再买点好一些的化妆品之类的东西，再到淘宝网上购一些其他的用品，再给父母寄一些，加上各种人情消费，剩下的钱就只够支付房贷、吃饭和养车用了……”

在一家外企做人事经理的白珊对朋友这样抱怨道，她调侃自己是名副其实的“负婆”。从她的话中可以看出，她的钱除了还房贷，大部分还是花在了高端消费品方面。其实，在都市中，像白珊这样负资产的才女很多，负资产的原因也是极其多的，她们之所以成为“负婆“并不仅仅都是把自己的钱给了银行还房贷所致，而是由她们“超前”的消费观念导致的。

这些“负婆”才女，一般都年轻时尚，外表不仅时髦，消费观念也异常的时髦。她们将钱大部分都花在了消费品上面，穿名牌服装，背名牌包包，用名牌化妆品，用最新、最炫的电脑、手机、MP5、DV、PSP。这些东西上市后，她们当然不可能付现款，因为等到她们把钱攒足，这些新潮的东西早就“过气”了。对她们来说，“月光”只是小意思，信用卡透支更是家常便饭。银行的钱欠了一大堆，每个月不负债度日还能怎么样？

她们大部分人将自己的个人所得都投入到了那些只会不断贬值的消费品上面，在无形之中造成了财产的负增长，到何年何月才能积累起自己的“第一桶金”呢？也无疑是让自己以后的成功在日常消费中“打了水漂儿”。

“负婆”们表面的光鲜亮丽是靠自身背负的巨大压力托起来的，她们不计后果地将自己未来二三十年的时间、智力、劳动全部抵押给了银行，俨然也成了还款的机器。而且为了避免出现债务危机，也必须将所有的精力都放在努力赚钱上面，生病、失业等统统不允许在她们身上发生，更别说再来个天灾人祸了。她们不仅失去了工作与休息的自由权，而且连道德与思想都受到了束缚，完全成了负债消费的奴隶，稍有松懈势必就要背负更大的财务压力。

一位女大学生为了满足自己超前消费的购物欲望，刷爆了银行的信用卡。其实也就透支了几千块钱，但她只是一个学生，几千块钱已让她无力偿还。但她同时又不肯和父母说，只能一直拖欠着。

结果却被银行告上了法庭，透支的几千块钱，几年下来，连本带利变成了一笔巨额债务，还不上就要面临牢狱之灾。父母无奈只好变卖家产替女儿还债，一家人一下子变得一贫如洗。

这个事例看起来真的让人难以置信，但它确实是真实的。这位女大学生既幼稚又无知，只是为了满足自己生活中的欲望，竟然搞到全家倾家荡产。当然，聪明的才女是不会傻到那个地步的，但是你是否也经历过因为过高的消费欲望而让自己背负欠债的事情呢？

是的，你的消费观念是超前的，你太想让自己在短时间内以“无产阶级”的身份过“中产阶级”的生活了，于是会在不知不觉中，让自己从“月光美少女”变身成“欠债小负婆”。这种风尚也的确让你的生活得到极大的提升，但是每个月有固定高薪收入的你也理所当然地认为自己有能力担负起少量的“卡债”，但是你却忽略了“积少成多“的力量，一件高档消费品的透支的确不会对你构成什么“威胁”，然而一看到名牌服装就疯狂的你恐怕不会透支一次就罢手吧。于是，各种原本数额不大的消费品加起来赫然形成了信用卡“还款金额”上的庞大数字，你的“入不敷出”自然也就没那么难解释了。你的“腐败”生活“看上去很美”，实际上要承担的是长时期精神上的折磨。

才女们追求高品质的生活固然是没有错的，想尽快地成为“中产阶级”的心情也是无可厚非的，但是如果为了这些而将自己的青春搭进去成为银行的奴隶，那就真该好好地反思一下自己了。“寅吃卯粮”作为救急尚可理解，但要成了生活常态就很可能让自己陷入困境。毕竟“天有不测风云”，谁又能保证在你动用了“卯粮”之后，你的“卯年”就不会有天灾人祸，就一定有“好收成”？能“丰收”固然很好，但是如果“减产”或“颗粒无收”，那么你又要靠什么度日呢？

因此，在自己的经济还没有得到完全保障或不稳定的情况下，追逐时尚的才女们在选择“负债消费”时一定要谨慎。要知道，优越的“腐败”生活固然是诱人的，但是也要清楚在“腐败”之后所要背负的巨大精神压力。快乐是一时的，压力和不安却是长久的。如果能将自己的目光放长远一些，把结果看得透彻一些，就不至于搬起“盲目消费”的石头去砸自己的脚。

"别的女人能有，我凭什么不能有？"

柳薇在一家外贸公司工作多年，在公司她的女同事之间形成了一个关注时尚、经常集体去购物的小圈子，当然漂亮爱美的柳薇也在其中。同样的时尚圈子在她们公司还有好几个，并因此形成了暗自攀比的局面：如果属于另外的圈子的同事穿了一件新买的名牌服装，柳薇一伙必然也要穿上新买的名牌服装，几个圈子就这么攀比来攀比去。但是，这也害惨了柳薇，刚发的工资不到半个月就能花掉一多半，有时候要攀比，还要动用信用卡里的钱。唉，她们买这些东西也无非是为了挽回所谓的"面子"。买的名牌服装一年又穿不了几次，结果还背了一身的债……

柳薇一味地与别人攀比，就去买那些自己其实并不能穿多少次的名牌服装，最后不仅成了"月光女神"，而且有时候还要去背债，大大降低了生活质量，想想真的不划算。

攀比之心人皆有之，而女人则表现得更为充分，尤其是三四个女性结伴购物的时候，这种心理就表现得更加强烈。盲目攀比是由于自身的虚荣心在作怪，这也是那些追求时尚、追求美丽的年轻女性的通病。

在购物的时候，女性本来就不够理智，爱冲动，如果在攀比之心的刺激下去购物的话，就更加不理智了。像柳薇这样为了虚荣而盲目攀比、疯狂购物的女性是单身还好，至少她们是一个人吃饱饭全家不饿，并且自己挣多少花多少，花的是自己的。如果是已婚女人，自己挣不了那么多，还硬要与人家相比，那可就让丈夫头疼不已了。

赵先生是一位公务员，在他岳母大人70大寿之时，他只送了价值2000元的贺礼。而岳母的其他两位女婿一个送了一块高级劳力士手表，一个送了1万元的现金。赵先生的妻子知道后，脸色立刻晴转多云，回到家后对他大发雷霆。

对此，赵先生说："这还没有什么，她太爱面子，太虚荣了，总爱与邻居攀比。比如，她好朋友给孩子买了一架钢琴，她则不管我儿子对钢琴有没有兴趣，就要买一台更上档次的钢琴摆放在家中。市面上流行的首饰、衣服，不管是否适合她，她一定要拥有。最近，她又迷上了换手机。我一个月的收入也就那么多，家里的大部分积蓄都被她拿来买那些华而不实的东西了。我真不知道该怎么办才好！"

爱慕虚荣的已婚女性都非常关注自己周围的事情，像赵太太这样的女性有很多，她们看到隔壁邻居买了一台跑步机，她就会想："难道我们家没有你们家阔气吗？我一定要买一台超级豪华的跑步机。"看见中意的名牌时装，第一天的时候因为囊中羞涩还可以忍得住，但是第二天如果看到别的女人穿得光彩照人，心里就难受了，决心哪怕是负债也要去把它买回来不可。"别的女人能有，我凭什么不能有？"这几乎是所有女性消费者的共同心态。

女性是城市中一道亮丽的风景线，如果没有女人间的相互攀比，争奇斗艳，风景可能就不会太亮丽了，为此，商家也在大肆地宣传："女人就是天生的购物狂，购物就是女人的天职。"于是，那些本来不太富有，购买欲望不太强烈的女性也就大开"杀戒"了；而那些本来就爱慕虚荣喜欢攀比的女性更是一发不可收拾，到最后将自己辛苦存下来的钱花得一分不剩，甚至还要负债度日。

都市才女，不管在什么样的情况下，一定要按照自身的经济条件与财务目标进行消费。如果为了过分的虚荣盲目地攀比，没有任何财务预算就疯狂地消费，只会造成丈夫精神上的紧张，甚至会不堪重负，引起夫妻间的矛盾，影响到正常的家庭生活。就算你是单身，这样无节制的攀比消费也会影响到你个人的投资理财目标。如果你不盲目地与别人攀比，那么你口袋里的钱才能够升值，你才能够早日实现财务自由，成为一个富有的女人。

"奢侈品的诱惑太大了"

"天啊？一条牛仔裤500元，一瓶香水3000元……你怎么这么舍得？把钱都花在这些奢侈品上，吃饭的时候又该抠门了，宁愿忍饥挨饿也要买下一款时下正在流行的裙子，从来不管它一年能穿几次。这是什么消费方式？"

"唉呀，你不知道到商场我就喜欢这些名牌嘛，尽管贵，但是这些东西确实很好用呀！"

张艳刚刚购物回来就与男友发生了争执，男友不理解她的这种消费方式：将大部分的钱都花在奢侈品上，而到吃饭时却极其抠门，自身形象与品位倒是提高了，而真正的生活质量却在下降……

其实，大多数女性在购物方面都是有强烈的虚荣心的，常会为购买一件衣服而一掷千金，在其他的生活用品上同样也是如此。她们通常会花很多钱去买一些超豪华的普通用品，比如有的才女会花10万块钱去买一个舒适的浴缸。多数才女都不会去看重物品的实用性，而是想方设法地依靠超豪华的物品让自己显得更贵气。这种奢侈品对她们有着不可抵挡的诱惑力。

如果在十几年之前，人们就会嘲笑这种奢侈的消费方式，但是在商品经济如此繁荣，各种价格昂贵的豪华商品充斥在各大商场的今天，人们对

此已经习以为常了，因为越来越多的人也是无法抵御豪华商品的诱惑的。

李娜中午到商场刷卡买下一个标价为26000元的路易·威登拎包。几分钟以后，她就出现在路边的公交车上，同大多数的普通市民一样，她每天出行的交通工具是公交车与地铁，但是谁也猜不到，她手中的LV包包，竟然花费了她大半年的薪水。

无独有偶。34岁的赵晔自己刚刚经营了一家服装公司，事业刚刚起步，手头也有些积蓄。于是，她首先想到的就是要用手中的钱去购买海边那幢诱人的超豪华住宅，面积大到300平方米。而实际上，100平方米的住房面积就足够她与家人居住了。但是，她还是没能经得往诱惑，掏尽腰包，冒着公司财务出现危机的险去银行贷款，买下了那幢别墅。

上述的这两个故事都说明了一点：才女们在购物的时候，极容易被奢华的商品所诱惑。只要自己看上的，不管自己能否承受得起，不管以后要面临怎样的生活，她们都会毫不犹豫地购买。对此，美国经济学家罗勃特?弗兰克在《奢侈热》一书中描述道："时下流行一种炫耀与追逐奢华的观念，人们因此而付出了更多的经济代价，这样做其实是在为商家买单。"

是的，那些零售界的奇才们，总会有用之不尽的方法，让收入不菲的才女们心甘情愿地掏腰包。即便自己出售的是一个厨房里的小勺子，他们也会竭尽所能地提供一些关乎财富、生活品质的想象。他们用华丽夸张的商品描述，用令人眼花缭乱的包装与广告，使它们看起来很上档次，正是因为这样，许多女性消费者才毫不犹豫地掏出自己的钱包。

有的才女会说，多花一些钱买一些高质量的商品也有错吗？多花钱买高质量商品这一观念是正确的，可你别忘了，有时候花大量的金钱追求的所谓高质量，并未使你的实际生活发生巨大的改变。比如说，你能感觉出一套十二孔纤维的棉被和一套八孔纤维的棉被有什么区别吗？很多女人都认为自己是内行，但是有多少人能够真正体会到其中的差异呢？

当然，质量的差异确实是存在的，但是你为之付出的价钱远远超出了你在商品的耐久性、实用性或设计上所得到的。一件蕾丝绣边的羊绒浴袍肯定是漂亮的，但是你觉得它值得你花2000元钱去购买吗？一件价值3000元的纯牛皮皮鞋，你不觉得这价格太虚了吗？

许多女性就是为了追求高档与品牌，付出了高昂的代价，久而久之，让自己的经济陷入恶性循环之中。你可以试想一下：你买到了最新款的手机，但是不到两个月，同一品牌、功能更多更好的新手机又上市了，你的财力真的能跟得上高科技发展的速度吗？

追逐奢侈会阻碍你拥有真正的财富，你花2000元钱去买了一件华丽的浴袍，就代表你的生活质量很高吗？答案是否定的，所以，才女们完全没有必要在一些极其奢华的商品上浪费金钱。

“为省钱而花钱”

“打五折呀！不买太亏了，以后可能没有这样的机会了！把我钱包拿来，多买几件回去，可以节省好几十块钱呢！”

在某内衣专卖店打折商品专柜区，刘佳艰难地拨开人群，挤了进去，生怕自己抢不到，一边挑还一边向男友喊道！这样的场景在生活中经常可以看得到。这也说明许多女性在消费的时候是不讲求理性的，一看到打折商品，都会争先恐后地去购买，自认为便宜的东西自己如果不买，就吃亏了。于是，她们就打着“省钱”的口号去心安理得地花钱。

在购物时，刘瑾总是喜欢逛打折专柜区。在各种各样优惠商品的诱惑下，她总是要选购一堆自己并不需要或者自己根本用不着的商品。她总觉得这东西太便宜了，不买的话就错过机会了，等到以后用的时候再去买不就吃亏了。但是，她有时候买回去的东西确实是不实用：衣服的款式或者花色她根本就不喜欢，鞋子不是有点小，就是穿上去不合脚……老公总是说她在花冤枉钱。

在元旦那天，刘瑾与老公一起去逛商场，她买下了一件800元的名牌外套，而放弃了另外一件款式、质地类似的600元的外衣，原因仅仅是前者打的是对折，后者打的是8折。但是，在老公看来，两者并无质量上的差别，不管打几折，800元就是比600元多出200元来。而在刘瑾的眼中，买下那件打对折的衣服也就等于节省了100元钱。

在现实生活中，如刘瑾这种消费习惯的女人有很多，她们总是为了所谓的省钱而多花了不少冤枉钱。到许多商场总能看到一大群不同年龄段的女人推着满满的一车商品等着付款，这其中大多数都是打折的商品。她们大多数都是抱着“因为这商品比原价便宜多了去了，所以多买些就是为了省钱嘛，不买就是浪费了”的想法，而这种心理则恰恰印证了心理学家们的结论：女人在做决策时，并不是去计算一件商品的真正价值，而是根据它能比原来省多少来判断。

面对打折、特价的诱惑，许多女人都认为只有将这些特价商品买回去才算是占到便宜了，而买回去的东西不是很久才用上就是根本用不着。她们纯粹是为了省钱而消费，而不是为了现实需要而消费，这当然和女性爱贪便宜的心理是有关的，她们认为只要能占到便宜就要义无反顾。于是，商场或者小商贩们就纷纷使出了“挥泪大甩卖”“免费赠送”“巨奖销售”等各种各样的招数，遍街林立的“特价商品”“品牌折扣”的商店也应运而生。在女人看来，不管是一只发卡还是一件内衣，只要能够省钱，有甜头可吃，她们就会毫不犹豫地打开钱包。

还有一些女性，也不是仅仅冲着打折商品，只要看到东西便宜，就有买回家的冲动，尤其是衣服。其实，买便宜的衣物未必是在省钱，那些投资回报率高的衣服才是值得你购买的。一般说来，一件衣服的穿着频率越高、时间越久，它的“投资回报率“也就越高。比如，一套价值100元的时髦短裙，你觉得它十分便宜，但是它质地不太好，所以你只穿一个月就因为不再流行而不想再穿，就算每周穿一次，一个月共穿了4次，穿一次的成本是25元。而一件400元的精致裙装可以穿3年，每年穿一季、每季每周穿一次的话，一共可以穿36次，穿一次的成本是11元。这样比起来，前者的衣着成本还是要高一些的，穿衣品质也远远不如后者，所以，买后者更为划算。当然，我们这里也不是让才女们买衣服的时候只买一些奢华的、贵的，而是告诉才女花钱的时候，要买那些物有所值的商品，买那些适合自己的、回报率高的衣服。

好啦，才女们应该想明白了吧，哈哈，到商场买东西的时候，一定要理智，抵制优惠的诱惑，千万不要一看到打折、优惠就冲动购物，买回来一大堆本来不需要的商品，总之，就是要“三思而后买”。

花洒：“心情不好就去购物”

医生，你赶快得给我看看，我也不知道每天为什么非要买那么多自己都不知道会不会穿的衣服，但是我就是克制不了自己，我该怎么办呢？我每个月的收入也有上万，但是赚钱的速度远远赶不上花钱的速度：几乎每天都要到商场去给自己添置一些衣物或者化妆品，我的经济时常陷入困境之中，但是我仍然克制不了刷卡消费的欲望与快感。有时是因为心情太烦闷，有时是因为生理性疲劳，总之我觉得我就是个消费狂，自己根本忍不住，丈夫劝了多次，但是就是改不了……”

白领女性杨爽因为自己冲动的购物影响到正常生活而不得不走进心理咨询中心求助。其实，根据杨爽自己的描述，她已经成为一个“花洒”女人了。有人可能会问：什么是“花洒”呢？花洒也就是花钱如洒水，花起钱来格外地潇洒、毫无顾忌。特别是在买衣服的时候“花洒”女人往往控制不住自己的情绪，在花钱的那一刻，有一种不顾一切的得意、一种“千金散尽还复来”的豪迈以及一种“我不在乎金钱”的放纵感。但是，在一阵肆意挥霍之后，才发现原来买的东西根本不适合自己或者根本不需要。

如果你也会忍不住要隔三差五地在商场徜徉；如果你也曾经多次为自己买的衣服、首饰、化妆品而后悔；如果你发现自己经常对购买的衣物置之不理，不是压在箱底就是放在柜子里……若真是这样，那你基本也算是一个“花洒”女人了。另外，“花洒”女人还有一个特征，就是洒出去的钱几乎没有余钱，甚至还要举债度日，花钱对于她们来说，不仅仅是为了满足生活的实际需求，而是为了通过满足购物欲来平衡自己的情绪。

“花洒”大多都是那些收入不菲的都市才女，她们一出门就有花钱的欲望，如果不花钱的话，就不能排解内心的烦躁与压力。她们通常认为，花钱可以使她们摆脱情绪的低潮，消除内心的沮丧，让自己很快振作起来。

为何女人在极端的情绪下都爱疯狂地购物呢？这当然与她们所承受的压力是有关的。现代都市才女们，不管是单身还是已婚，甚至是全职的家庭主妇，都或多或少地承担着来自以下各方面的压力：（1）工作压力；（2）夫妻关系；（3）失恋；（4）人际关系冲突；（5）生育与职业之间的矛盾心理；（6）生理周期所带来的疲惫和不安。这些压力无处不在，于是，烦躁、愤怒的她们只会选择用各种各样的方式来为自己解压，其中大多数女人都选择用疯狂购物的方式来排泄自身的情绪，减轻压力。

许多心理医生则认为这是一种心理偏差，因为大多数才女都很少参加体育运动，也没有抽烟或喝酒的行为，心理补偿与发泄的渠道较窄，所以疯狂购物就成为平衡情绪、舒缓压力的最佳方式。

有这样一项调查表明：容易在极端情绪下去乱消费的女性占到了

46.1%，这也反映了许多女人都是依靠疯狂购物来给自己减压的。但是这可并不是一种有效的减压方式，虽然才女们的薪资水平整体上是呈上升趋势的，但是许多高薪才女在投资、理财、储蓄、养老保险等方面的投入却大幅度下降甚至不投入，而是把大部分的钱全部花在了购物、休闲娱乐等方面。如果将疯狂购物的习惯延续下去的话，就很快会陷入债务危机之中，这样不仅不会缓解她们的压力，而且还会加重她们的烦恼与精神上的负担。

那么，面对那么多的压力，才女们如何正确而又理智地排解自己极端的情绪呢？其实在心情不好的时候，找一些不花钱的娱乐或者少花钱的事情去做，就能起到事半功倍的效果。有些聪明智慧的才女就是通过这种方式来抑制自己的购物欲，来给自己减压的。

在医药公司上班的贾楠之前也是靠购物来排解自己内心的烦躁的，她说："这样做会让我心情异常地愉快。"但是，这样做的后果是没多久她就有了很多债务，使她更加烦恼了。于是她就想出一些几乎不怎么花钱的事情去做。她去报了一个绘画班，她从小就喜欢绘画，以后每当心情不好的时候，就开始坐下来画画，画画给了她强烈的满足感，这比为自己乱花钱买东西更能使自己平静下来。

贾楠通过画画来舒缓自己的不良心绪，同时，画画又可以陶冶她的情操，而且她也不会像以前那样花了大量的钱去购物后让自己再度陷入消积的情绪之中。

也许你会说，我对画画不感兴趣，除了购物，几乎没有什么事情可以让我娱乐，该怎么办呢？如果真是这样，你可以来做一个练习，让自己找出能够平衡情绪的事情。你拿出一张纸来，想象那些过去曾让你开心的事情、童年时期自己喜欢做的事情或者是任何可以令你放松的事情。比如：伴随着快节奏的音乐在家跳舞，和朋友一起玩猜字游戏，与自己的宠物一起玩耍，看一些时尚杂志，为自己做一顿丰盛的晚餐，玩电脑游戏，在空旷无人的地方大声喊……只要是你自己喜欢的事情，你都可以做。不久你就会发现，将你口袋中的钱统统洒出去并不是你宣泄的唯一方式，也不是最好的方式。做自己喜欢做的事情，不仅可以平衡你自身的情绪，还可以从精神层面上满足自己，愉悦自己，何乐而不为呢？好啦，有压力，经常燥躁的才女们现在就开始与“花洒”女人告别吧，做一个不用花钱或者花很少的钱就可以善待自己、让自己愉悦的理智女人吧！

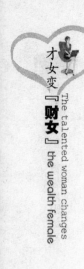

“我克制不了购物冲动”

“香港的东西太贵了，我们俩老是说要节约啊节约，结果一看到喜欢的东西，就会经过激烈的思想斗争，喜欢吗？买吗？算了！还是买了吧。最后手中的现金就没了，而且还把信用卡刷爆了！现在一到月底，我银行卡里的钱只剩一位数。而我欠银行的钱是六位数，我真的成了不折不扣的‘大负翁’‘月光族’了。”

怡筠常在朋友面前这样自嘲，但是她一看到心爱的商品真的是控制不了自己，尽管负债累累，也要得到那些商品。怡筠属于典型的冲动型消费者，不少才女在购物时都有这方面的表现。

女性在消费方面的自制力是很差的，一看到自己喜欢的商品就会不顾一切，任凭其再昂贵也要不惜代价去购买，最终受苦的也只有自己。

今年31岁的王慧是一位医生，丈夫在一家外企工作，夫妻俩每月工资加起来有12000元。他们有一个快3岁的儿子，去年初贷款买了一套商品房，月供3600多元。

在平时的生活中，王慧从不注意克制自己的消费冲动，只要家中有节余的钱，她就会去疯狂购物，直到花完为止。家里一点应急的钱都没有，有时候还感觉到家庭经济状况非常紧张，眼看儿子要上幼儿园了，一打听每月要1000多元的学费，夫妇俩这才下决心辞掉了小保姆。

王慧一家的收入总是不能满足开支，除了儿子的花费，家里其他支出则是能省就省，生活质量急剧下降。以前夫妻俩还经常去听听音乐会，每周去吃顿情调晚餐，而如今这些活动一律取消。尽管如此，每到月底，还是会出现财政赤字。眼见儿子各种教育开支还在进一步上升，王慧对家庭未来的经济状况颇为担心，她正在想办法和丈夫一起寻找兼职以增加收入。

像王慧这样消费观念比较前卫，在不富时选择了加负，在没钱时选择了负债的女性不在少数。可是选择负债消费，过上"有房"的"幸福生活"，预支自己的未来，真的能够享受生活吗？当然是不会的，不然她也不会处心积虑地要出去找兼职，其中的焦心与辛酸只有自己知晓。所以，作为一名财智女性绝不要像王慧那样失去理性负债消费，绝不要去选择那种拆西墙补东墙的生活方式。

有的女性可能会说，我也想克制消费冲动，但是一到商场就管不住自己了，我该怎么办呢？对此，有下面几种克制消费冲动的方法，可供才女们参考：

首先，当你在商场中看到喜欢的商品，千万不要马上就去买，等15分钟后，再去做决定。你可以利用这15分钟的时间回忆一下自己拮据的生活，考虑一下这种商品买回去后究竟有没有价值，它会不会过一段时间就会降价，等等。考虑好后，你可能就没有那么想去购买它了。

其次，对于那些打折的商品，你就要想到那只是商家为你设的"陷阱"，自己盲目的消费图一时快乐将之买回去了，但是自己又用不到，弃之又十分可惜，只好束之高阁，打扫起来也累，还不如在用到的时候再去买呢。这样一想，你可能就会打消这种冲动了。

再次，就是在自己还未购物前，将自己剩余的钱财拿去做投资，可以

购买保险、基金等，既能给自己带来收益，也可以阻止自己去进行一些不合理的消费。

最后，建立家庭财务报表。为了控制负债消费冲动，最好要定期检查自己的收支情况，建立家庭财务报表，编列月、季、年度预算，据此决定收入分配在各项支出的比例并适时调整，让自己认清现实，树立合理消费的观念。

按上述方法去做，相信才女们应该能够克制自己的负债消费冲动，才女们在有购物冲动的时候还是赶快尝试一下吧！

“免费的，不要太亏了”

“刚才你不是说完全免费的吗？怎么现在又让交5元钱！”

“电脑画像确实是免费的，但是你要照片就需要交钱，一张照片也需要不少成本呢。不然，我整天只为人们免费画像，我喝西北风去呀！”

“这人怎么这样，刚才明明说免费画像不用交钱的，现在又要5元钱，不讲信用嘛！”

王芳差一点和那位画像人员吵了起来，刚刚明明说是免费，像画好后，又要交钱，着实是在骗人嘛！但是面对画像者很有“道理”的诉苦，不想多事的王芳就掏出了5元钱。唉，刚才只想着占便宜，没想到到最后却吃了亏，莫名其妙地消费掉了5元钱。

不少才女们也许都遇到类似的事情，尽管自己明白天上是不会掉馅饼的，但还是抵挡不住“免费”这个诱人的词汇。那些小商贩们明明说的是：你可以不用花钱就能够享用、品尝、观看……但是，等你真正得到实惠后，却又振振有词地问你要钱，理亏的你也不得不多出一些消费来，这就是贪占小便宜后的结果。

其实，对于很多打出“免费”招牌的商家或小商贩，免费只是他们招揽生意的手段，里面还藏着很多玄机，他们以此引诱那些喜欢贪小便宜的女性消费者。所以，女性在消费的时候，一定不要相信免费的午餐，不要因为想贪一点小便宜而让自己付出更多。

爱贪小便宜是众多女性的心理特点，所以，一些商家正是利用了女性的这一消费心理，不断推出免费美容、免费测试、免费试用、免费品尝等形形色色的促销活动。待女性消费者经不住营销人员的蛊惑，进行消费之后才知道，所谓的“免费”其实就是“一次把你宰个够”。

此外，女性在消费的时候总爱跟着感觉走，消费过程带有很强的随机性，因此在遇到“免费的午餐”时就开始迈不开步子，所以，女性消费者就常常成了“免费”的受害者。

张佳路过西单广场的时候，被一位20多岁的营销小姐给拦住了：“这位小姐，我是XX美容公司的，我们可以给你做一次免费的美容。请您放心，绝对是免费的，您不用掏一分钱，就能做一次美容护理。”这位营销小姐一口气说道。

随后，她又递给张佳一张贵宾卡，卡上面写着“美国XX美容公司”，在这几个字下面印有香港XX美容有限公司的字样，并且在贵宾卡的反面还写着：美容、瘦身、刮痧、足疗……

“我看你的年龄不大，还是学生吧？在你这个年纪就应该好好保养，以后才不至于出现皮肤问题。你可以到我们公司做一次免费的护理，就在这个商场的三楼，很近的。”经不住营销小姐的游说，没有做过美容的张佳也有点心动，决定免费享受一下美容的滋味。于是，她就跟着这位营销小姐来到了美容院所在的三楼。她进去的时候，发现里面已经有几个女孩躺在床上静静地等候着美容师给她们做护理。

张佳也在一张床上躺了下来，美容师来了之后就拿着一块小毛巾给她擦脸，然后一面给她做面膜，一面对她说："小姐，你的皮肤真应该好好保养一下了，它已经出现了不少问题。你看你脸上有一些小痘痘，应该赶快治疗一下，要不然就会越来越严重，甚至还会留下痘印。我们刚好有新研发出的除痘产品，平时做一次这样的除痘护理要80元的，今天可以给你特价25元，你要不要试一下。"张佳也经常为自己脸上的痘痘烦恼，所以就欣然同意了。

在为她做护理的过程中，美容师一直极力说服她办一张美容卡，说现在是特价，花几百元就能享受半年的精心护理等。本来只是想享受一下免费美容的张佳，最后竟然花了460元办了一张半年美容卡，加上25元的除痘护理，擦脸用的小毛巾5元（美容师说是专人专用的，所以也要付钱），一下子就花掉了490元。

等从美容院的大门出来后，张佳才后悔不迭，发现自己上了美容院的当：自己的经济本来就不宽裕，以前从不进美容院的自己竟然花了近500元办了一张美容卡，并且自己还很年轻，还没有到非进美容院不可的年龄。她十分后悔地说："早知道我就不贪图那点所谓的免费护理，那样也就不会被诱惑办一张昂贵的美容卡。"

其实很多商家都是针对女性消费者的心理特点，经常使用"免费护理""免费抽奖"（抽中之后可以免费送小礼品）等方式招徕顾客。等顾客进来后，就想方设法让消费者购买自己的产品，而女性也会在不自觉中走进商家的圈套。等事后一想，才知道是上了这些商家变相推销的当。

不仅是美容院，还有很多这样的免费陷阱："免费看病"是为了推销保健品、"免费讲座"是为了推销某种产品、"免费导游"其实是导购……这些看似免费的东西，背后都有着商家不可告人的目的。所以，希望获得免费午餐，希望天上掉馅饼的女性消费者一定要记住：世界上没有不劳而获的事，凡事都需要付出相应的代价。

因此，女性消费者在消费时，一定不要只想着占便宜，羊毛最终出在羊身上。许多"免费"只是让你暂时尝一点儿并无任何实际意义的"甜头"，让你钱包里的钱流入他们的腰包，才是他们的真实目的。

第九章

会存钱，让你的钱袋鼓起来

要理财首先要学会存钱。存钱绝不仅仅是把钱放在银行那么简单，其中有许多方法和技巧。如果你掌握了这些技巧，就可以让存钱成为一种赚钱的手段，如果你想让你的存款成为赚钱的手段，那么，现在就开始学习一下这些技巧吧，让你的钱袋越来越鼓！

你的“身家”有多少

“我想存钱，但是具体怎么存才是合理的呢？我的财务现在乱成了一团麻，我该如何做呢？”

张珍想存钱，可是又不知道如何去存，自己的财务乱成了一团麻，她想求助理财专家给她出出招。每个理财专家都知道，存钱是一种重要的理财方式，但是在开始你的储蓄计划之前，首先要计算好自己的身家。也就是只有计划出你现在的身家有多少，才能制订出十分切实可行的存储计划。因此，你现在就拿起笔来将你的全部资产罗列出来，然后加减乘除一番，看看你现在的“身家”到底有多少，看看你是“财女”还是“负婆”。

当然啦，计划你的“身家”与分析你的财务状况是两个不同的概念，这里是要彻底地翻一下你的家底儿，要计算出你的总资产究竟有多少，只

有在这个基础上，才能给你安排合理的储蓄计划。那么，从现在开始你就跟着理财师静琪一起来清算你的“身家”吧！

静琪是一位著名的理财师，在一家理财事务所工作，她认为清算“身家”是理财的前提，否则，你在自身财务一团糟的情况下，是理不好财的。她是这样清算她的“身家”的：

第一步，先将自己当前身上所有的现金拿出来，哪怕是零用钱她也要一并计算进去，总数为1604.3元。

第二步，她把自己的存折全部拿了出来，她认为现有的存款是自己的财库与一切消费、投资行为的基础，家里有5张存折，所有的加起来共计103321元，她调侃道：“这些钱就是我的‘底气’！”

第三步，她将家里所有的固定资产盘算了一下，并按照当前的价格一一估算了出来：房子52万元左右；车子10万元左右；冰箱1400元；空调两台共计4000元；电脑两部共计8000元；洗衣机1000元；所有加起来共计634400元整。

第四步，将家里能够折现的奢侈品全部翻腾出来，金项链8000元；钻戒12000元；明代瓷花瓶一个20000元；一幅收藏画6000元；共计46000元。

第五步，家里的理财产品当前所能带来的价值，她大概估算了一下分别为：医疗保险15000元；住房公积金13000元；股票12000元；基金3200元；共计33200元。对此，她还指出：“对这些产品，不管当初购买时的价格是多少，只计算出它的总剩余量就可以了！”

第六步，朋友欠债清单，她也一并列了出来：同事王倩借3000元；同学李刚借1500元；同学李霞借4000元；共计8500元。

第七步，老公的店面资产纯价值约为150000万元。在此，她提出：“这一部分主要针对那些有店面或者公司的人士的，如果有就算进去！”

七项总共加起来的数字为827025.3元。好大的一个数字！对此，她笑着说，这可不是自己的资产总额，因为自己的负债还没计算呢，这是十分关键的一步。随后，她又将自己的负债额按步骤列了出来。

第一步：自己的私人欠款：欠姐姐43000元；欠朋友王璐3500元，共计46500元。

第二步：信用卡：交通银行信用卡4600元；建设银行信用卡2300元；共计6900元。对此，她指出："不管你的还款日期是什么时候，只要将自己所有的欠款统统加起来就对了，还有就是别忘记了要加上利息。"

第三步：房贷每月还款额度为1700元，共计20年，共计408000元。

第四步：车贷每月还款额度为600元，共计6年，共计43200元。列这项的时候，她指出："这一项主要是指消费品欠款的，所有的消费品都要计算进去！"

第五步：商业贷款：每月还款额度为900元，共计6年，共计64800元。在这项她也指出："主要是指投资时向银行贷的款，不管是小额的还是大额度的都要计算进去。"

以上五项加起来共为569400元，最后，再用总资产827025.3元-569400元=257625.3元。这个数字就是静琪的"身家"了。

这个过程尽管是烦琐的，但是才女们只要有耐心，一步步地跟着静琪去计算，还是很快都可以得出一个数字的。你得出的这个数字是正还是负呢？是让你暗自欣喜还是让你捶胸顿足呢？从你有能力赚钱开始到现在你所做的一切努力到底带给你多少收益，这些收益又让你的"身家"升值了多少？面对你当前的"身家"状况，你当前是否有开始存钱的动力呢？

这样精算出你的"身家"，一方面是为了让你更好地了解自己当前的处境，另一方面是为了帮助你制订行之有效的储蓄计划，让你合理地规划你的发展前景；让你去"丈量"你离自己的梦想还有多远；如果不工作，你的生计问题可以维持多久；你有多少闲钱可以拿来培养自己的兴趣；你如果生病的话自己能够支付多少；对于父母、伴侣、子女你有多大能力去照顾他们；你还需要存多久的钱才能让自己不再为未来恐慌……这些你都可以了然于胸。所谓“知己知彼，百战不殆”，你只有对自己目前的财务状况有了足够的了解，才能够让自己的存钱计划更有针对性，更容易为自己制订出行之有效的理财规划。

从现在开始，制订一个存钱计划

“在每年年初的时候，我都会计划着在当年一定要存进去3万元，等存够了钱要为儿子买一架钢琴，但是，到年底的时候总是存不到。两年过去了，儿子的钢琴还是没买回来……”

凯琪向朋友说出自己的存钱烦恼，在年初的时候心里规划着年底要存够3万元，但是到年底却总是存不到。对于凯琪的储蓄计划，理财师认为她几乎不可能在年底存下3万元。虽然她有具体的数字，但她没有对这个数字做过具体的规划或者计算，也没有将自己林林总总的计划内消费与计划外消费都计算进去。

其实，做好任何一件事情之前，都要做好规划，这样才更容易一步步地实现，去取得成功。而存钱也是同样的道理，必须制订出十分具体，并且切实可行的计划，才更容易达到目标，否则十有八九会泡汤。

刘雨在学生时代就有一个愿望，那就是要在结婚之前独自去美国的芝加哥旅行，以实现自己心中的“美国梦”。但是她现在已经参加工作了，也有了男朋友，结婚计划都已经提上日程了，却离她向往已久的“美国梦”遥遥无期，主要原因在于没钱。当然，刘雨并不是一位败家女，平常也会有意无意地存一些钱。但是，也不知道为什么每当这些钱存到一定数额的时候，也会冒出许许多多需要花钱的事情：房租该交了、几个同事要凑钱聚会、妈妈生病住院、昔日同学要集体出游、拍婚纱照、夏天太热要买空调……大件儿上的林林总总加上小事儿上的零零碎碎，让本来月收入5000元的她穷得一分钱都没存到。

工作已经有3年了，月薪也不算低，“美国梦“计划一次次地被搁浅，她开始反思自己的存钱方式是哪里出了问题。眼看只剩下10个月的时间就要结婚了，按照2万元的旅行标准费用，她至少每个月还要再存2000元，除去房租与水电煤气费用，再留出一部分作为意外开支，剩下的就要节省着花了。朋友聚会的活动尽量减到最少，减少逛商场的频率，并且将购置衣物的费用控制在一定数额之内，能不买就不买，午餐、晚餐开始自己做。

而且为了防止自己实在忍不住乱花钱，刘雨为自己的工资卡办理了定期转存业务，每个月发完薪水的第二天，银行就会自动从她的工资卡上扣除2000元转为定存。这样一来她也就不会再去随意支取这笔款项了。经过自己的不懈努力，10个月之后，刘雨终于潇洒地完成了自己梦想已久的美国之旅。

虽然刘雨临时性的储蓄计划还有许多漏洞，一旦遇到突发的状况她自己未必能够坚持住。不过，她在储蓄之前为自己定一个存款目标与每个月的实施计划，这个做法是绝对正确的。才女们如果要将钱存下来，就必须要有这样一个具体的储蓄计划。那么，到底该如何去存钱，计划该如何制订呢?

首先，你需要确定一下自己认为可以存下的数额，然后将自己每个月的开支都加起来看看有多少，如果超出了你的收入范围，就必须要做适当的调整。其调整的重点是：如果存款的数额可以不变的话，就最好别去改变，先看看哪些开销是不必要的，然后该精减的精减，该取消的取消。如果还是超支的话，那就只有适当调整存款的数额了。毕竟想要很好地完成

自己的储蓄计划首先就是要保证自身的生活不受到影响，否则，你的存款计划也可能会因此而泡汤。

当然了，这个储蓄计划是我们为自己量身定做的，所以一定要“合身”，这样自己才会穿着比较“舒服”，只有自己舒服了，你的手脚才不会被束缚，完成起来也更会有效率。现在就拿起你手中的笔开始计划吧，早一天制订出适合自己的存钱计划，你就能够早一天看到储蓄账户上喜人的数字变化。

用储蓄“赚”银行的钱

“存钱还不如拿去投资呢？投资可以为自己带来一定的收益，而把钱存在银行得到的利息毕竟是十分有限的，更何况通货膨胀又如此频繁，确实不太划算。但是，自己又对投资一窍不通，该怎么办呢？”

黄英的这种担忧并不是多余的，储蓄大多数时候都被人当做一种积累财富的方式，而非赚钱的手段。原因很简单，通过储蓄得到的利息是十分有限的，它不能像投资股票、基金那样给你带来大收益。储蓄固然不能帮你赚到大钱，但是通过合理的存储手段赚点银行的小钱还是有可能的，来看下面几种储蓄方式，都是能够赚到小钱的。

(1)“十二存单法”。

“十二存单法”顾名思义就是要有十二张存款单，就是你每个月固定要存入一笔钱，存为定期，比如说你存的定期为一年，一年下来一共就有十二笔定期的存单。到了下一年，第一年第一个月存入的钱也到期了，将这些钱取出来连本带利再加上这个月本来要存入的钱一起再定存一年。以此类推，这样你在第二年以后，每个月都有定期存款到期，你可以继续和本月要存入的钱一起定存，也可以取出来应对你的不时之需。你知道，定存的利率通常是较高的，这样既可以保证你得到最大化的利率，而且也可以让你每个月都有一定数额的钱拿来应急，减少了大额定期存款不到期拿来急用时的利息损失。这种方法的坏处就是你每个月都必须往银行跑，但是这对于那些手上没有大笔现金或者大额存款的才女们而言，应该是比较适合的定存方式。

（2）简便易行的"接力储蓄法"。

"接力储蓄法"可以视为"十二存单法"的简化版。其具体的操作方法为：如果每个月都能固定地存一笔钱到自己的账户上，不妨将这笔钱存为三个月或者半年的定期。我们先以三个月为例，你在之后的两个月中继续坚持在每个月中都存一笔定期，到第四个月的时候，第一笔存款已经到期。如果你急需用钱就可将其支出，没有需要则连本带利继续存，以此类推，接力下去。这样照样可以做到每个月都有应急的钱花，虽然此方法不如"十二存单法"获得的利息多，但是操作却更加灵活，而且三个月定存的利息也要比三个月活期的利息至少高出两倍，对大家来说还是比较划算的。

（3）利率最大化的"五张存单法"。

我们知道了"十二存单法"，那么对"五张存单法"也应该不会陌生了，"五张存单法"就是有五张存款单。与"十二存单法"不同的是，"十二存单法"一般比较适合手头暂时还没有存款的才女们，而"五张存单法"则是比较适合已经拥有一定数额存款的才女们。

看看王静是如何利用"五张存单法"去存钱的吧！

王静将自己的30000块钱分成五份去存：第一份3000元，定存期为一年；第二份5000元，定存期为二年；由于银行没有四年的定存期，所以，她也将第三份6000元，定存期为二年；第四份7000元定存期为三年；第五份9000元定存期为五年。因为王静本人一两年之内计划要生育，如果一年后她需要钱，她就可以将第一份的3000元取出来使用。如果由于特殊原因将生育计划推迟了，她还是可以将第一份的3000元连本带息再存为五年的存款。因为到第三年的时候，两份定期两年的存款到期，取出后一份存为定期两年，一份存为定期五年；第四年时，三年期的存款到期，取出来同样存成定期五年；第五年时，第三年存的那份两年期的定存到期，取出来定存为五年。这时，她的手中就共有五张存期为五年的定存单，并且每年都有一张到期，如果当年你有什么重要的消费计划，就可以取出当年到期的那张存单，这样就不会影响其他定期存单的利率。王静认为，五年定期投资利率一定是高于一年、两年和三年的利率，可以保证自己能获得较高的回报。

(4) 利滚利的组合存储法。

组合存储一般都采用存本取息与零存整取的组合储蓄方式，结合两种储蓄方式的优点，实现利滚利的目标。具体的操作方式为：将数额较大的资金存为存本取息的账户，由于存本取息每个月都可以将本金所赚得的利息取出，才女们就可以将这些利息再存为零存整取，如此一来，每个月你便可以产生出两笔利息，一笔来自数额较大的本金，一笔来自本金产生的利息。这难道不是“利滚利”吗？具有较大数额本金的才女们当然就可以采用这种储蓄方式了，肯定要比你单纯地存款要获得的利息多得多。

(5) 约定转存。

约定转存、就是你事先要与银行约定将每月存入的活期存款转存为定期存款。这种储蓄方式比较适合每个月都有进账的工资卡或者其他储蓄卡，当你的资金到账后银行通常都会默认为活期存款，但是如果你事先与银行签订一个协议的话，约定每个月资金到账后就将其中固定数额的存款自动转存为定期存款。这样，你就不必每个月都跑银行去办定存了，会省去你不少的麻烦，而且还保证了定期的利率，比较适合资金不太充裕又怕麻烦的上班族。

了解了这几种储蓄方式后，你就可以根据自身的实际情况选择适合自己的储蓄方式了。当然了，只要你肯开动脑筋，合理地利用、调动一切对你有利的方式，采用各种搭配方式，聪明的你一样可以利用你有限的资源赚取最大限度的利息的。

守好自己的 “不动产”

“父亲得了疾病住进了医院，急需钱做手术，但是两个月前刚购置了房子，一点儿钱都拿不出来！我该怎么办呢？本来自己是有一笔钱在银行存着用来应急用的，但是购房时钱不太够，就全部拿出来花掉了，没想到这个月却出了这样急人的事情……”

陈佳急得话都说不出来了，她本来有一笔钱是要应急用的，可是两个月前她却将它用在投资房产上面了，到父亲生病时却拿不出一儿点钱！现实生活中，有许多才女都会遇到如陈佳这样的事情，在风平浪静的时候，都会给自己留一笔“不动产”，但是总会因为这样或者那样的原因将它用掉，又不能及时补进去，到真正需要的时候却急得没办法。

当然了，这里所谓的“不动产”主要指的是“不可以去动”的资产，对于这一部分钱，无论你有多么好的投资计划或发财项目，都是不可以将它们拿出来用掉的，因为它是你生活发生突变时最重要的保障，如果你非要动用它，也应该去想办法在最短的时间内将钱补上，如果不能及时地补上，也就意味着在这段时间内随时都有生存不下去的危险。

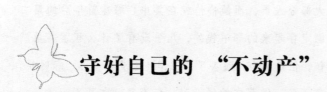

惠英原在一家杂志社上班，薪水不算高，但还算比较稳定。她是有储蓄习惯的，每个月发薪水后，首先都会从中拿出600块钱存进银行，主要是应急用的。这个习惯一直坚持了2年，那笔钱只是存着，一直没用得到。

到年底的时候，她最好的朋友因为出现了意外，她觉得这笔钱反正自己暂时也用不到，就借给朋友了，朋友也说好了一年后连本带息一并还给她。但是偏偏就在她将钱借给朋友的第二个月，意外就发生了，她的单位由于要改组，要裁掉大部分人员，而她恰恰就在其中。那是新年后的第二个月，她除了每个月固定存起来的那笔钱外，几乎没有了什么积蓄。虽然她也在四处重新找工作，但是两个月过去了，工作还是没有着落。那时候，她穷得连房租都交不起了……借朋友的钱没到一年期限，也要不回来。在万般无奈之下，她向父母伸手才渡过了难关，但是家里经济条件也不好，对此，她还十分难过……

如果当初惠英能守好自己的那份“不动产”，就不会在丢失工作后陷入十分拮据的境地了。不过，幸运的是父母伸出援手帮她渡过了难关，不然，她连生存下去都是困难的。所以说，让才女们守好自己的“不动产”绝不是危言耸听，因为它是你基本的生存保障。不论你是一个“一个人吃饱全家不饿“的单身贵族，还是”拖家带口“的贤妻良母，都不要随便拿那笔钱去做投资，因为用它们去做投资，你面临的风险太大了，就像你不能拿自己的房子去抵押炒股一样，这种忧患意识并不是一种畏首畏尾的表现，而是我们心智成熟的智慧之举。

当然，这笔“不动产”并不是让你永远不去动，它应该是你最近一段时间以及未来几年生活的一种保证。它可以是一个固定的数额，但是所说的“不动”并不是数额的不变，你可以随时拿出来应急或者消费，但是在用过之后一定要及时补充上。因为大部分才女每个月都有固定的收入，所以应该可以保证这笔钱在长时间内能够保持在一定的数额。这笔钱的数额至少应该能够维持你半年左右的生计，从而可以保证你遇到意外时的过渡使用，如你因突然生病而不能工作、突然成为失业人员、家人遭遇困难等意外时的过渡所用。在这些意外来临的时候，既便你没有收入，也会因为之前积累的“不动产”而帮助自己渡过难关，不过在这笔“不动产”的有效期内（也就是这笔钱用完之前），你需要尽快地重新步入生活的正轨，否则，就真的要坐吃山空了。

由此可见，这笔“不动产”的数额越多，它能为你提供的有保障性的生活就会越长，也会让你有更多的时间去调整自己的状态。所以，你平时应该在自己能力所及的范围内，多为自己储蓄点“不动产”，这样你的生活压力也不至于那么大。但是，也并不是让你将大部分的收入都当成“不动产”储存起来，这样也势必会影响到其他方面的投资计划，占据你财富积累的空间。因此，你的“不动产”的数额还是要维持在一个自己可能遭受的风险范围内，这样一方面可以让你有抵御风险的能力，另一方面还可以让你的财富快速地增长。

只有守好自己的“不动产“，我们才不会在生活遭遇突变时处于被动的状态。才女们不妨从现在就开就为自己的“不动产”做储备，而储备的最好方式就是“存钱”。根据自己的收入确定好比例开始储蓄，越早一天完成这笔款项的储备，你的后顾之忧也会越早一天结束。

不过，“不动产”的数额也不是永远不动的，随着你收入的增加、生活质量的提高、家庭成员的增多，这笔“不动产”也应该跟着上涨，以保证能维持你一定时期内的正常用度为目标。“不动产”的前期储备工作有点像“强制储蓄”，但是它跟强制储蓄的性质和目的又是不同的。强制储蓄是为了完成财富的积累，而积累之后的用途可以有很多种，可以是继续积累，也可以拿来创业，还可以拿来做嫁妆……然而“不动产”的任务只有一个，就是帮你渡过难关，它应该是“专款专用”，对于一切“挪用”行为都是不允许的。

谁都不希望自己的生活出现意外，但是不想发生并不代表不会发生，如果你能做到提前为“意外”埋单，那么你的生活就不会受到太大的影响，并且能给你足够的时间进行调整。如果你很幸运，一辈子都没有意外发生（这种概率简直太小了），那么恭喜你，你又有一笔额外收入进账了！

财女一定要会玩“存钱游戏”

“要存钱哪有那么容易嘛！刚存进去一些，又因为这样或那样的事情迫不及待地取出来将它花掉了。再说了，每个月都要存，真是一件枯燥无趣的事情。唉……还不如不存呢？”

赵佩向周围的朋友这样抱怨道，赵佩是一个标准的“月光女神”，对她来说，存钱可真是件不容易的事情。一方面，她认为自己缺少定力，总是抵制不了商场众多商品的诱惑，另一方面，她觉得存钱是一件极其枯燥的事情，相对于各种各样令她愉快的花钱方式而言，长时间单一的存钱方式很容易让她产生厌倦，而且像是在被强迫做一件事情一样，令她十分不舒服。很多才女都有如赵佩同样的感受，这也因此造成了大部分才女的实际存款数要远远地低于她们想要达到的存款数。

面对这种情况，才女们不妨想办法将存钱当做一个游戏来玩，就可以激发自己存钱的兴趣了。怎么去玩呢？下面为才女们推荐几种方式，看看能不能让你的存钱变得有效和有趣？

游戏一：“钱母”游戏。

张婷“发明”了一款存钱游戏，她自认为十分好玩，下面就让她亲自来教教你吧：

“将你钱包里的钱全部都倒出来，将那些票面很新或者是号码很好的钱，放进一个信封或者口袋里，然后放在衣柜或书架的最底层当做'钱母'来'压箱底儿'，提醒自己那是用来'招财进宝'的，这有点迷信，但是至少可以让你不会再乱花钱了。这些钱平时当然是不能动的，以后只要碰到这类钱就将它们'收藏'起来，压在箱底儿，久而久之，你就会收到意外的惊喜喽。"

游戏二：专设储蓄卡。

这是"月光女神"梦瑶最近一直在采用的存钱方法，这种方法对克制她花钱大手大脚的毛病十分有用，"月光族"才女可以学学噢！下面听听她是具体怎么做的吧：

"将你的钱包再一次打开，取出你的所有花花绿绿的信用卡，然后看看还有哪家银行的信用卡你还没有申请。可千万别误会，可不是让你去申请这家银行的信用卡的，而是让你去申请一张这家银行的储蓄卡。当然啦，这张储蓄卡是为你储蓄专设的，选择一个适合你的存储方式，然后只管往里存，绝不往外取，但是存的时候也不要给自己施加压力。你可以从小额起存，只要将你收入的10%～30%存进去就可以了，以后逐月递增，这样可以让你的正常生活和消费不受干扰，也就减小了半途而废的概率。因为你没有那家银行的信用卡，就不会动不动拿它来偿还信用卡的账单了，就可以保证自己的储蓄不受干扰。"

游戏三：为自己买个漂亮的存钱罐。

尽管非常清楚你已经不是小孩子了，用存钱罐来存零用钱看起来也有些幼稚可笑。但是还是建议你准备一个漂亮的小罐子或者小盒子，只不过不是要你用以前的方式存一些零钱，而是要你每天从钱包里拿出5元或者10元放进去，等达到一定数额之后就将它拿出来存进你的专设账户。

王彤一直都采用这个方法进行储蓄，她说："呵呵，5元或10元对于自己每天'不明方向'的花销而言并不是一个很大的数目，我只是每天坚持拿出来一些丢进去，并不会对我的生活造成多大的影响。我已经坚持了一年了，每天都丢进去10元，每月就是300元，现在已经达到3600元左右啦！10元钱对我来说也做不成什么事情，但是3600元却可以让我去做很多事情，我想将这个习惯坚持10年，到时候它所产生的效果一定会让我'心动'的！"

如果你为王彤的计划而感到心动，还不快快去为自己买个漂亮的存钱罐回来！

游戏四：特设"基金"。

这里所说的"基金"不是银行里用做投资的基金，而是你为自己特设的某个梦想基金。比如一次欧洲之行、一项进修计划、一台时尚笔记本、一条珍珠项链、一辆代步工具……这些承载着你小小梦想的消费计划，可以成为你存钱的动力。也许你目前所有账户加起来的数额已经足够让你满足自己的梦想，但是我奉劝你还是不要动用的好。因为其他的钱有其他的用处，既然你有自己的梦想或愿望，那就专为此开设一个梦想基金为自己埋单吧。

理财师菲菲说："我非常喜欢这种储蓄方式，因为它不仅能刺激我储蓄，也能保证自己在为梦想埋单之后，不会再次变得一贫如洗！"

既然买一双高跟鞋或一套化妆品所带给你的是愉悦的感受，那么为买一双高跟鞋或者化妆品存钱的感受也应该更有成就感的，那种成就感也是一般的愉悦所不能代替的，才女们可以开设自己的特设梦想基金来试试看吧。

游戏五：拆分工资卡。

如果你所有的钱都在你的工资卡上，除非你从来不动用，否则就是一件很危险的事情。但是，很明显，你不可能不动用。因为所有的收入几乎都在里面，你可能因此不用费心去管里面到底有多少钱，需要时只管去取就是了，这就让你花钱很没有计划，而且也很难将工资卡上面的数字留住。所以，建议姐妹们每次发完工资都去核对一下，然后将里面的数额做一个拆分，分散储蓄，一部分存进你只存不取的专属账户，一部分存入消费账户，一部分存进特设基金，一部分还卡债，一部分零花……这样做虽然很麻烦，但是却能保证你的"鸡蛋"不会只放进一个"篮子"里。这样做可能会比较浪费才女们的时间，但是它会让你在消费的时候有所收敛，不至于太过大手大脚而使你陷入十分困窘的境地！

花钱的名目可以有很多，存钱的理由也不例外，存钱可以和花钱一样让你愉快。如果你能把存钱也当成一种游戏，那么生活中就会多了一样乐趣，而有了乐趣也才能让你的攒钱之路更加畅通无阻。

第十章

这样投资可以赚大钱

投资是理财的一项重要内容，才女们想要让自己手中有限的财富不断增值，就要学会投资。在现代社会中，投资方式是多种多样的，保险、股票、基金、债券、外汇、黄金、房产等等，关键是要学会选择适合自己的投资方式。

丢掉八卦消息，看点财经消息更实际

“你应该多看看财经消息，而不是整天抱着娱乐八卦杂志看个没完没了！”

“你不知道这些时尚杂志多有趣？安吉丽娜·朱莉龙凤胎的照片能够满足我的好奇心，它会告诉我辣妹维多利亚·贝克汉姆今天穿的高跟鞋有几英寸，让我知道帕里斯·希尔顿的现任男友是何方神圣……财经消息多枯燥呀，都是些没完没了的数字和永远也看不明白的曲线图表，那些丝毫也激不起我的任何兴趣！”

小凤说得没错，财经消息是远远不如八卦杂志有趣，八卦杂志里面的内容既有趣又能满足自己的好奇心，而财经消息呈现出来的都是一些枯燥的数字与难懂的曲线图。但是，你可知道，这些无趣的财经消息要比那些无聊的娱乐八卦有用得多，如果你不是娱记的话，至少那些八卦杂志不会让你的财富翻倍，而财经消息却可以让你的钱包鼓起来。

既然你要想成为"财女"，如果对财经一窍不通又怎么能行呢？不论你现在是否已经将投资计划提上日程了，多关注财经消息都会让你对当前的投资环境与理财知识有进一步的了解。你了解得越多，自然就会对投资与理财知识熟悉起来，要想投资也只是时间问题了。所谓的"机会只是留给有准备的人的"，财富也更是如此。你只有在平时多掌握一些财富方面的知识，才不会在投资的问题上做一个无知的跟风者，也才能在机会来临时让自己赚到更多的Money。因此，你要从现在开始把你所感兴趣的八卦杂志丢掉，把注意力转移到财经消息上去。也许刚开始你会觉得无比的枯燥，但是，时间一长你就会发现，这其中充满了无尽的玄机与乐趣，而且它能培养你的经济头脑。

今年25岁的雅静是上海的创业明星，提起她的创业之路，雅静这样说："我也是受朋友的影响，才开始关注财经新闻的。我个人所学的专业是外国语，与财经新闻没有必然的联系。刚开始的时候觉得它是挺枯燥无味的，各种数据让人觉得眼花缭乱，但是真正地潜下心来仔细地琢磨，我发现它的确是件有趣的事情！

"刚毕业的时候，我通过财经新闻了解到国家正在鼓励一项新兴行业的发展，我就有意识地去找工作，在一家比较有前途的外贸企业就了职。后来，又通过财经新闻选择买股票，在朋友的指导下，股票获得的收益也相当不错，那可是我的第一桶创业资金。那些有用的新闻的确培养了我的经济头脑，3年后就有了自己的小公司，我成功的大部分因素都应该归功于那些有用的财经新闻！"

从雅静的经历中我们可以了解到，财经新闻确实给她带来了极大的收获：找到满意的工作、获得第一笔创业资金、开了公司。雅静将她成功的大部分因素都归功于财经新闻，呵呵，在财富面前，才女们是否觉得它们比八卦消息来得更实惠呢？才女们都是聪明的，还是别将自己的聪明才智都浪费在那些无聊的八卦消息上吧！

有的才女可能又要问：“我主要从哪里获得财经方面的信息和知识呢?”途径有很多，以下几条建议可供才女们参考。

（1）书中自有“黄金屋“。

平时多看看经济方面的书籍与杂志，这些都是你获得财经知识的重要手段，而且那上面的财经知识都相对比较专业，可以让你对金融、投资、资讯等方面的内容有一个比较系统的了解。但是，对经济学还十分陌生的才女来说，去读那些经济类的专著往往就显得过于专业了，复杂的图表、烦琐的公式，深奥的语言都会让你望而生畏，你看完后同样也是一头雾水，这一定会打消你阅读的积极性。所以，你如果没有想成为经济学家的决心还是建议你不要去看。你可以选择一些通俗易懂的理财书籍或者财经类杂志来阅读，读着轻松，学着容易，用着也简单，非常适合初涉“财坛”的才女们。

（2）网络恢恢，疏而不漏。

网络的确是个好东西，囊括了万千知识，不仅各大门户网站都设有专门的财经版块为你提供财经方面的资讯与方法，而且各种搜索引擎可以瞬间帮你找到自己想要的任何金融或投资消息。你在网上晃悠时，千万别漏掉了那些重要的财经消息。好啦，你现在就可以打开百度或Google，浏览一下更全面的财经内容了。

（3）常关注财经频道。

打开电视后，千万别因为财经频道太枯燥而去搜索一些好看的电影和电视剧来看。现在，至少有80%以上的70后和80后的才女都抵挡不了电影与电视剧的诱惑，她们对新闻类节目都具有天生的免疫力，当然娱乐新闻除外啦。可是，如果你还想成为“财女”的话，最好还是要改一改的好，开始让自己有意识地关注电视上的那些财经新闻与理财节目。其实，现在的财经和理财节目很多都做得非常生活化，并没有你想象的那么难懂和无趣，看得多了自然也就离不开了，打开电视后，可千万别“视”而不见噢!

(4) 三人行必有我师，向身边的朋友取经。

如果你对财经知之甚少，没关系，你可以问问身边的朋友。所谓“三人行必有我师”，想要成为“财女“，首先要学会利用身边有效的资源，你身边那些精通或者略懂财经知识的“活字典”就是你请教的对象。他们当然也许没有书籍那么专业，也不如网络来得快捷，更比不上电视来得直观，但是他们却可以跟你互动，甚至亲自教你如何操作。就算你身边没有太专业的投资行家，有几个热衷于投资或有过投资经历的人也是不错的。你可以让他们给你谈谈他们的投资经验，共同探讨一些经济类的话题，一起研究投资的方向，慢慢地，你就可以与他们一样能够掌握一些财经知识了。俗话说“三个臭皮匠，顶个诸葛亮”，与他们在一起探讨，总比你一个人单打独斗，自己钻研取得的效果要好吧!

其实，要想获得财经消息实在不是什么难事儿，难的是你怎么开始，怎么坚持。只要你能够迅速地改变自己的关注点，将视角转到理财和财经上面来，你就已经获得了第一笔财富。总之，别把时间都浪费在八卦新闻上，它对你没有任何好处，还是想想怎么赚钱更为实在。

买对保险，后半生有保障

“别人都说我很富有，拥有很多财富。其实真正属于我个人的财富是给自己和亲人买了足够的保险。”

听到大“财女”张欣说出这样的话，朋友们都睁大眼睛问：“什么？保险能等于财富？”没错！保险能够在你的生命、财产、健康等受到危害时给予你一定的赔偿与帮助，它不也是一种投资吗？在后半生等到你的生命、财产、健康出了问题时，你就知道它是一项多么有益的投资方式了。所以说，保险也是一种十分稳健的投资方式，它能为你带来十分不错的经济回报。

凌薇有很强的风险意识，在自己单身的时候，除去单位给自己买的医疗险，她还给自己买了一份寿险，也能得到不少的投资收益。她每年只需交纳 410 元，到 30 年后就能得到 10 万元的保额。

凌薇能够针对自身的状况去购买保险，不仅为自己的平安上了一份险，而且也增加了收益，能够得到不少的经济回报，可谓两全其美。身为女性的你，办理保险还是十分必要的。有些保险是根据女性的生理特点与社会特性而制订的，更有针对性，如果选对了，你的后半生不仅有了保障，而且它也可以转化为你的个人财富。

买保险也要根据自身的实际情况去买，不同年龄阶段所需的保险种类是不同的，下面的几种保险分类，你不妨对号入座，看看有没有适合自己的。

（1）单身贵族型：年龄 20～30 岁之间。

如果你目前处于单身，享受单身贵族生活的你是否为自己的未来上一个保险呢？虽然你现在年富力强，有足够的资本为自己赚钱，但是也有做不动的时候，况且你当前的收入还不多，而且也不那么稳定，如果现在不未雨绸缪，到用得着的时候可就悔之晚矣了。所以，为了给自己一个保障，还是给自己买一份保险吧！

考虑到你当前的收入不是很多而且用度又不小，因此在现阶段购买保险的原则应多以保障自己为前提，保费较低的纯保障型寿险再加上住院医疗、防癌险等健康险和意外险就差不多了。对啦，这些保险在许多工作单位是可以提供的，你也就省去一大笔的开销了。如果你自己还想购买其他的保险，也不妨向保险经纪人做个咨询。不过，一定要意志坚定，千万别被忽悠了。

(2) 贤妻良母型：年龄在30岁以后。

如果你已经步入了婚姻的礼堂，且有生儿育女的打算或者已经生儿育女了，你就应该要为家庭的长远幸福作打算了。在这个时候，你的收入已经基本上处于十分稳定的状态，有能力为家人购买健康医疗、子女教育、退休养老等方面的险种。

一般情况下，这个时期你的家庭处于“基本建设”的初期，但是也要对未来的风险有所认识，所以保障额度需要有较大的提高。出现意外时不但能够负担房贷、车贷，还要能够确保家人的生活。最好还是采用夫妻互保的方式。还可以选择具有分红性质理财功能的保险，根据保险公司的赢利状况，享受到分红。再搭配你以前所购买的品种，以达到理财和疾病、意外、养老等综合功能。

(3) 离异的单亲妈妈：年龄30岁左右。

那些遭遇婚姻失败又要承担子女养育责任的单亲妈妈们是非常伟大的，但是身上所负担的责任是非常繁重的，家庭的经济状况可能也并不十分理想。这个时候，单亲妈妈的健康是最为重要的。如果你一旦病倒，生活可能就无法维持下去。为了更好的保证自己的健康，作为单亲妈妈一定要根据自身的情况给自己买一份健康险。除此之外，还要好好考虑一下孩子的教育费以及医疗费，因此这些费用额度可能都是较大的。所以，你事先一定要对保险有一个基本的了解，弄清楚保障责任、保障利益等内容后，再做决定，以妨自己的利益受到侵害。

此外，除了根据自己所处的年龄、经济状况以及所处的环境去选择合适的保险外，一些专门针对女性身体状况的保险，才女们也是可以拿去做参考的。比如，生育期女性的生育保险以及专门为女性设的乳腺癌、卵巢

癌、宫颈癌等疾病的专用型保险等。

为了保障你的日常生活，你所购买保险的支出占自己家庭收入的10%是较为适中的，在保额上通常为自己或家庭整体年度收入的10倍比较好，这也就是购买保险时平常人所说的“双十原则“。当然，在遵循“双十原则”的情况下，也要根据自己具体的收支状况而定，投保时的保额与保费也要符合自己的需要与能力。同时选择那些品牌和信誉十分良好的保险公司也是十分重要的。

总之，无论你买保险是为了安心，还是为了做投资，都一定要先从自身的需求出发，你是要给自己和最爱的人为未来的幸福买保障，当然要谨慎选择了。

买股票稳赚不赔的良方

“听说周围的亲朋好友都买了股票，也赚到了不少钱，但是又听人说股票是有风险的，而我对股票又不太懂，想买些，但是又害怕赔进去，唉……真希望能有高人给指点一下!”

刚涉入股票投资的人可能会有和吕菲一样的矛盾心理，非常想买，但是因为自己不懂，所以也不敢轻易下手去买。其实，投资股票与做生意是一样的道理，既要选择好产品，也要选择好介入的时机，这样才能让自己稳赚不赔。否则，如果你乱买，就很有可能掉进股票的陷阱之中，将自己的血本钱全部赔进去，张曼就有这样的经历：

“刚开始只是听朋友说买股票能赚钱，所以，后来就开始尝试买股票，朋友只对我说买股票与赌博差不多，运气很重要。于是，我也想凭运气赌一把。那时候不太懂，只是凭直觉去买，3个月下来，我的炒股记录可用“操作频繁，屡战屡败”来描述。那段时间我买卖股票70次，最多的一个月在相连的6个交易日中就交易了14次，记得当时还买卖了海南高速(000886)等股票，第一天以7.6元买入，持有一周后以6.23元卖出，损失很大一笔钱。如此这样的失败交易记录在我的交易过程中比比皆是……3个月下来损失了2万多，因为不懂，所以乱买，到最后几乎把我的家当全部输光了……”

张曼刚开始只是认为买股票是要凭运气的，带着碰运气的心理，她就开始乱买，到最后却将自己的家当几乎全部赔光。很多初涉股市的人可能都会有张曼的心理，只是想赌一下运气而已，殊不知股票并不是完全没有规律可循的，只要方法正确，就可以达到稳赚不赔的目的。

下面就为才女们介绍一些买股票稳赚的良方，特别是初涉股市的才女们可以参考：

首先，选择适合自己投资风格的股票，这对你收益的影响是非常大的。在股市中，有些行业对经济周期的变动十分敏感，而有些行业则受经济周期的影响相对要小一些。为此，如果要避免股市风险，投资者就应该购买受经济周期变化影响较小的那些公司发行的股票。

一般情况下，行业中那些一流的公司，通常拥有比较大的经济实力，在市场上也具有较强的竞争能力，这些公司能够持续稳定地发展，并可以获得较高的收益。因此，才女们可以事先了解一下各个行业中那些一流的上市公司，可选择购买一些他们发行的股票。当然了，对那些具有潜在成长能力的公司发行的股票，也是可以选择购买一些的。

其次，上市公司的赢利状况决定了股利支付的水平与股票价格的变化情况，历史上哪些公司赢利水平一直很好，那么未来赢利状况一般也会较好，这种公司发行的股票是可以考虑选择购买的。

最后，如果哪些公司的股东人数较多，一方面表明了其公司有广泛的资金来源，另一方面也反映了投资者对公司的普遍信任与良好的预期。所以，这些公司的股票可以作为购买的首选。此外，公司股东的构成也是十分重要的，如果一家股份公司的股票是由许多金融机构所持有，不仅融资与集资更为方便，同时也可以提高股份公司的威望。因而有多家金融机构与公司共同持有的股票也是可以选择购买的。

当然，这里所说的都是一般的原则，才女们也可以从有经验的朋友那里获取其他的一些经验与方法。除此之外，女性投资者在具体的股票操作中还是需要注意一些策略问题的，以下这些都是被称为“华尔街股神”的巴菲特对女性朋友的忠告。

（1）选择具有可持续发展的企业。

买股票之前，首先要对公司的价值进行有效的评估，确定自己要准备买入企业股票的价值。然后再根据股票市场的价格进行比较，巧妙地利用股市中价格与价值相背离的原则，以低于股票内在价值相当大的折扣价格买入股票，在股价上涨之后，以相当于或高于价值的价格卖出，从而最终获得超额的利润。你在买入价格上最好遵循安全边际原则，你必须要有足够的耐心，等待机会的来临，这种机会来自公司出现暂时问题或者暂时过度低迷导致优秀公司的股票被过度低估的时候。

在现实生活中，许多才女们会选对在公司运营良好之时，就着急想着要卖出股票以兑现赢利。对此巴菲特忠告这些投资者：“股票市场的作用是一个重新配置资源的中心，资金通过这个中心从频繁交易的投资者流向耐心持有的长期投资者。”同时，他也解释道，并非要将你买入的所有股票都要坚持长期持有，而是只有极少数股票是值得你长期持有的，这就涉及股票买卖时机问题了。

（2）选择恰当的买卖时机。

买卖股票的时机是十分重要的，因为股票买卖时机的选择正确与否，往往直接决定着你的收益。因此，你需要有意识地将你的主要精力与时间放在股票购买与卖出的时机选择方面，不过股票买卖的时机一般不是很容易把握的，因为时机是稍纵即逝的。但是，股票价格的变化是具有一定周期性的，你可以通过分析各种因素，找准买进与抛出的恰当时机。因此，对你所买进的股票进行更为科学、准确的分析是十分重要的，这就需要才女们下工夫了。比如你在进行基本分析时也需要进行技术的分析，进行经济因素的分析时也需要进行政治、技术与心理因素的综合分析，虽然经济因素对股票价格走势起着十分重要的作用，但亦不能忽视政治因素的影响。

所有投资人追求的最高境界都是"低价买进，高价卖出"，这其中的玄机就在于你要选择正确的买卖时机，这也说明了怎样准确掌握买卖时机是一门大学问。才女们针对不同具体的情况可以多了解一下专题节目的分析，多注意财经新闻，慢慢地你就可以掌握一些有效的经验了。

随着你涉足股市时间的增长，你的经验就会越来越丰富，可不管你有多少经验，也存在着被套牢的可能。如何防止股票被套牢呢？这也是一个值得才女们注意的问题。对此，专家为才女们提供了以下几点建议。

（1）要树立正确的投资理念。

从选择开始，就要投资那些有较好发展前景、利润稳定增长的企业股，不要以赌博式地胡乱买进，到时候吃亏的必定是自己。也就是说，你买入前一定要盘算好你买进的理由，同时抛出时也要有一些理由。

（2）要有耐心，逢跌买进。

假如在大盘跌后股价开始走稳时买入，这时一定要设立止损点，设立好止损点后就必须坚决执行，必须以铁的纪律要求自己这么做。同时，要知道做长线投资的股票必须是那些能长期走"牛"的股票，一旦股价长期下跌的话，就必须卖出。股市里有的是机会，没有买进一只上涨的股票，你最多是少赚了一笔钱，不会有其他损失，但买股票被套牢将给你带来实实在在的损失。

（3）要避免买进那些在历史高价区交易的股票。

此类股票往往是经过了充分的炒作，股价早已今非昔比，已经翻了一番甚至几番，此时已是庄家忙于出货阶段，如果你去买进则正是中了庄家的下怀，恰好做了庄家的牺牲品。有时，也许你会有庄家的消息，或者是庄家外围的消息，在买进前可以信，但出货时千万不能信。出货是自己的事情，没有一个庄家会告诉你自己在出货，所以出货要根据盘面来决定，切忌根据消息来判断。

（4）要注意成交量。

在股市里，有的股票会无缘无故地下跌，这种情况其实并不可怕，而真正可怕的是成交量的放大。尤其是庄家持股比较多的股票绝对不应该有巨大的成交量，这样的情况一旦出现，十有八九是主力出货。因此，对任何情况下的突然放量都要仔细对待。

（5）拒绝中阴线。

无论是大盘还是个股，如果发现了跌破了大众公认的强支撑，有出现收中阴线的趋势，你就必须重视。尤其是对于那些本来走势不错的个股，一旦出现中阴线就很可能引发中线持仓者的恐慌，大量抛售的情形就可能会出现。在这个时候，主力即便不想出货，也会因为无力支撑股价，被迫出货。这样做的结果必然是股价下跌。因此，无论在任何情况下，只要见了中阴线都应该考虑出货。

（6）要认准一个技术指标，发现不妙立刻就溜。

给你100个技术指标是根本没有用的，有时候你只要把一个指标研究透彻了，就可以将一只股票的走势掌握在手中，一旦发现形势不对，破了关键的支撑就必须马上撤离。

（7）不要涉足问题股票。

买股票前要看它的基本面是十分重要的，主要看这支股票有没有令人担忧的地方，尤其是几个重要的指标，防止基本面突然出现变化。在基本面确认不好的情况下，还是要谨慎介入，随时提高警惕。

（8）要永远牢记基本面服从技术面。

你买进的股票再好，大盘形态坏了也必然要跌，而再不好的股票，只要大盘形态好了也可能上涨。即便你持大量的资金来做投资，形态坏了也应该至少出让30%以上，等待形态修复后再买进。同时，你对任何股票都不能迷信，对股票忠诚就意味着愚蠢，而且始终持股不动，则又是懒惰的体现，才女们都应该注意。

上述这些都是投资股票的一些基本方法和技巧，遵从这些法则就能够增加赚钱的概率，不过，股票的变化是难以让人预料的，才女们还应该多了解一些即时的财经信息，在做出科学判断的基础上进行投资，才能确保自己真正地做到稳赚不赔。

基金定投：小积累变大财富

“听说你投资基金收益不错，它是一种什么样的投资方式呢？以前只是买股票投资，购买基金比股票还好吗？”

听说朋友购买基金收益不错，凌菲就向朋友盘问起来。现实生活中，很多女性可能都会像凌菲一样，只知道股票投资，而对基金却不是十分了解。实际上，基金是比股票更为稳健的投资方式。我们这里所说的“基金”主要是指由基金公司通过基金单位，集中投资者的资金，由基金托管人托管，由基金管理人管理和运作资金，从事股票债券等金融工具投资，然后共担投资风险、分享收益的一种“间接”证券投资方式。所谓的“间接”则是指托业人士帮你投资理财。一般情况下，基金的风险要比股票小得多，但又比银行储蓄的利润要大，因此很受那些不愿承担风险，收入相对不太高的女性们的欢迎。

著名的摩根富林明投顾公司对投资者的调查结果显示：大约有30%的投资者选择定额投资基金的方式，尤其是30～45岁的女性投资者，她们中有高达46%的比例从事这项投资。投资者对投资工具的满意度调查显示：买股票投资者的满意度为39.5%，单笔购买基金者满意度达56%，而定期定额投资基金者的满意度则高达54.2%。

这项调查说明：女性投资者对这种波动性比较低、追求中长线稳定增值的投资方式是十分青睐的，因为基金的赚钱速度可能没有股票那么快，但是它也可以让你的小积累最终变成大财富。

基金投资方式一般分为两种，一种是单笔投资，一种是定期定额投资。对于那些没有什么投资经验、资金又不太多的才女们而言，第二种投资方式无疑是最好的选择，这也就是我们通常所说的“基金定投”。基金定投是指在一个固定的时间内以固定的金额投资到指定的开放式的基金当中，是一种十分便捷的投资方式。

菲菲目前采用的就是这种投资方式。

菲菲先去附近的银行办理基金定投投资协议，与银行约定好在每月的8号自动从自己的银行账户上将1000元钱定期地投入某项基金，投资的期限是2年，也就是说到2年后，她就可以自动将投资本金以及收益全部收回。当然，她还可以根据情况进行续投，将期限再延长至5年甚至更长。这有点类似于银行的零存整取的方式。当然，它不会像你存钱那么麻烦，也无须你每个月都往投资事务所跑，有效地节省了时间。

就是这么便捷，每月只要与银行约定好时间，就不用再麻烦了，银行会自动扣款为你购买的，你只等着到期收回收益就可以啦！

此外，基金定投主要具有以下三大优点。

首先，投入定期化，可以帮你聚集小钱。因为每个人每隔一段时间手中就可能会有些闲钱，与其在不知不觉中将其消费掉，还不如拿来投资，每个月虽然投入不是很多，但是时间一长就会为你积累起一笔十分可观的财富。

其次，自动扣款简化了你的操作。基金定投的办理手续十分简单，只需要你到基金代销机构办理一次性的手续，以后每期的投资金额就会自动从你的银行账户中扣除，你不必像存款那样月月往银行跑。

最后，投资平均化分散了风险。因为资金是按每期进行投入的，这样你的投资成本就比较平均，这样有效地分散了一次性投入所带来的较大的风险。

了解了基金定投的优点之后，再来看看基金投资适合哪类才女们吧！

（1）爱大手大脚花钱的“月光”族才女。

对于那些每月工资不知去向的“月光”族才女们，一定认为自己要做投资是不可能的事情，那你就可以尝试一下这种强制性的投资方式。你可以将扣款日期定在你发工资后的第二天或离得相对较近的日子，到时自动扣除，那么到时候你再要花这一笔钱就是不可能的了。对于那些花钱大手大脚的才女们来说，既然花不花这笔钱你都会“月光”，那倒不如拿来投资，说不定还能为你带来不小的收益呢。

（2）按月领固定工资的“薪女”性们。

对于那些每个月都有固定收入的才女们而言，虽然你的薪水有限，再除去自己日常的开支，可能会剩余不多，在这样的情况下，如果你想投资，那么不妨就选择这种方式。在不影响你生活质量的情况下，又能实现投资理财的规划，应该是一种不错的选择。

（3）对投资一知半解的金融“菜鸟”们。

那些对财经知识一知半解，想投资但又不敢投资的“菜鸟“们，则可以尝试这种投资方式。一方面它的投入相对是较少的；另一方面有较为专业的人士替你打理，你就不用每天都辛苦地盯着股市大盘，被红红绿绿的数字变化搅得心神不宁了。

(4) 心理承受能力不够“坚挺”的小女人们。

对于那种心理比较脆弱，不愿意承担太大风险，但是又不想眼睁睁看着手中的钞票不断贬值的小才女们，不妨尝试一下这种投资方式。虽然它不能给你带来较大的收益，但它却是十分稳健的，不会影响到自己的工作或事业。

(5) 不会“三天打鱼，两天晒网”的长期投资者。

基金定投是一种长期的投资行为，具有稳步获利的优点。它的相对平稳性需要一个长期的环境才能体现出来，需要投资者要有足够的耐心、恒心和信心，也只有那些有耐心、准备长期投入的人才能赚得更多。所以，这种方式十分适合那种不会“三天打鱼，两天晒网”的长期投资者，而不适合那些想通过短线投资一夜暴富的急功近利的投资者。

(6) 为以后某个时间的资金需求做准备的才女们。

如果你早已经计划好在未来某个时间点有一项特定的资金需求，你就可以选择这种投资方式。比如你打算在 3 年后出国深造，5 年后想买房子，30 年后有一大笔养老钱……它的风险是较小的，而且收益也相对比较高，完全可以帮助你有效地实现积少成多的愿望，到了需要的时候再拿来用，你会发现自己的小积累已经变成大财富了。

如果你的情况很适合这种投资方式，那么，你下面就要考虑选择适合自己的基金来作为定投的对象了。在这方面，你除了要考虑基金累计净值增长率与基金分红比率这些相对比较固定的因素以外，还要看它波动性的大小。不要认为基金波动较小，就不会有风险，因为它的操作方式差不多是有人代你炒股，风险大家分摊，但是并不代表没有风险。所以，才女们在选择时一定要先考虑好后再下注。

当然，任何投资风险与收益都是成正比例的，基金也是如此。那些波动性相对较大的基金在净值下跌的阶段比较有机会积累较多的低成本份额，当其反弹时获利相对较快，但是风险自然也就比较大；而相反地，那些波动较小的基金通常绩效比较平稳，风险较小，但是相对平均成本不会降低太多，获利比较有限。

不过，基金本身的风险是相对较小的，如果你的理财目标是长期的，比如超过5年以上，你还是选择那些波动较大的基金，因为相比较而言波动性较大的基金长期回报率一般要比那些波动较小的基金要高很多。相反地，如果你是短期投资，还是选择那些波动性较小的基金比较好。

当然，具体情况还要进行具体分析。总之，才女们在购买某项基金之前，一定要事先做好咨询，进行分析对比，选择更加适合自己的，才能获得长远的利益，让自己的财富聚沙成塔、由小变大。

债券是投资的天堂

“下班后路过某银行，看到银行门前排了一条长长的队伍，当时心里还十分纳闷：‘最近银行的‘生意’怎么这么好呀?’后来一问才知道，大家都是在排队购买国债。我一下子明白了，怪不得大家都如此积极。之前就听朋友说债券是一项非常好的投资项目，也买了一些试试，果然很不错，没想到原来这是人尽皆知的秘密……”

小蝶在与朋友聊天时候，这样说起了债券投资。说到债券有些才女可能还不太了解，但是它确实是一种比较好的投资方式，因为它的优点是众多的，相信介绍完债券的种种好处以后，才女们一定都要跃跃欲试了。在试之前还是先了解一下关于债券的基本内容吧！

顾名思义，债券是一种有价证券，是社会各类经济主体为筹集资金而向债券投资者出具的并且承诺按一定利率支付利息和到期偿还的债权债务凭证。其实，你可以将债券简单地理解为一种贷款协议，就是债券持有人将钱借给债券发行机构，除了到期后可以取回本金，期间持有人也将会得到利息。就像我们平时别人向我们借钱时必须出示措据一样，上面要注明借款人、借款数量、还款数量、还款日期、计息方式等内容。只不过债券的借款人是国家、金融机构、企业等大型单位，而且它要比一般的借据正规，是接受法律法规制约的。

根据债券发行主体的不同，债券又分为国债、地方政府债券、金融债券、企业债券和国际债券。其中国债是由中央政府发行，有国家的信用作为担保，可以说是信用度良好的债券品种，称之为“金边债券”；而地方政府债券的发行部门是地方的政府，又称之为“市政债券”，相对流通性较低；金融债券由银行等金融机构发行，流通性和利率都比较高；企业债券一般由各大企业发行，又称为“公司债券”，利率和风险都相对较高；国际债券是由国外各种机构发行的债券，一般在日常理财中较少涉及。

债券的还款期分为短期、中期和长期三种。其中，短期债券时效在一年以内，中期债券的时效为一至五年，长期债券则是五年以上。债券是一种比基金更为稳健的投资方式，而且它的收益也相对较高，很多人都热衷债券投资，主要在于它具有以下四个优点。

第一，具有偿还性。债券发行方必须要在规定的日期内偿还购买方的本金与利息。

第二，收益相对较高。与银行储蓄相比，债券的利息一般要比银行储蓄利率高出许多；同时，投资者还可以在债券面价格上涨时得到利息与票面价格差价的双重收益。即使遇到票面价格下跌，投资者只要继续持有，等待偿还期的到来，那时最少也能赚到兑付的利息，收益是十分有保障的。

第三，具有一定的流动性。在偿还期内它不仅可以拿来转让和买卖，也可以拿来作为抵押进行贷款，具有较大的流动性。

第四，安全性较高。相比风险较高的股票和期货，债券的风险要低得多，在安全性方面仅次于银行储蓄。

债券的交易具有极大的灵活性，深受投资爱好者的欢迎。静茹就是在尝到债券投资的甜头后，才开始热衷于这种投资方式的。

5 年前，国家财政部开始发行了“通涨指数债券（I-Bond）”，年期长达 30 年，债券面值由 100 元起，最高为 10000 元。每人每年最高可投资 30000 元，静茹和丈夫两人一共投资了 60000 元，投资期限为 5 年。通涨债券的特点是以两种利率之总和计算，第一种利率是固定利率，利率为 1.1 厘；第二种是按通涨指数计算的浮动利率，是 3.56 厘，两者加起来，便是债券的年收益，远远要高于一般银行定期存款，5 年后，静茹和丈夫得到了一笔不小的收益。静茹说：“投资债券比投股票好，它只是将钱放进去，只等着收益就行了，不用多操心!”

静茹的投资过程，真可称得上为“天堂投资”，它不仅收益好，而且稳定性也较好，这是许多不愿意冒险和没有多少投资资金的女性最为青睐的，看到债券投资有这么多的优点，才女们是不是已经跃跃欲试了呢？还是不要急，下面还有一些投资债券的技巧还要与你分享呢!

技巧一：根据收益选择债券品种。才女们购买债券的最主要目的是获得利润，所以，在购买的时候要选择那些收益率相对较高的债券。虽然收益较高的债券风险也会相应大一些，但是它的安全性还是要高于股票和基金。因此，风险承受能力相对较高的才女们不妨尝试一下企业债券或可转让债券等这些收益相对较高的品种。

技巧二：有效利用时间差，提高资金利用率。债券发行后，事先都会规定一个日期和固定的发行天数，如一个月。同样，到期兑付的日期也有一个时间的限制。投资者都必须要在规定的时间内购买和兑付。为了提高自身资金的周转和利用率，聪明的投资者都会选择在发行期的最后一天购买和兑付期的第一天兑付，这样就可以有效利用时间差减少资金占用的时间，为你的资金争取更多的利用空间。

技巧三：卖旧换新，赚取较高利息。有些时候，在旧国债还没有到期的时候，又会发行新的国债，而且发行的利息与收益都要高于旧的国债，你想买新国债，但是手中又没有多余的资金，这时你也不必非要等到旧国债的兑付期到了再去买新国债了。为了争取更大的收益，你完全可以将手中的旧国债卖掉，然后连本带利投入新的国债当中。这样既不用你再动用其他的资金去购买新国债，又同时赚了新旧两种国债的钱。

技巧四：地域差、市场差带来的债券价格差。在不同的市场与地域中进行国债交易可以让你从中赚取一定的差价，以提高收益。比如深圳证券交易所和上海证券交易所进行交易的同品种国债之间是有差价的，通过利用两个市场之间的市场差，就有可能让你从中赚取差价。另外，各地区的地域差也是可以利用的对象，通过这些差价进行债券的买卖也可以让你赚取价格差。

通过对债券的了解，你现在可以知道了，它既能赚到比存款更高的固定收益，又能规避股市的风险，而且最终得到的收益也是免税的，是一种再好不过的投资方式了。如果有一种投资方式能让你高枕无忧，那必定是债券无疑，因而它被称为是一种天堂式的投资方式。现在，你知道为什么银行门前总会有那么多人排队了吧？如果你已经掌握了债券投资的技巧，而且钱也准备好了，那就不妨也跟着排队去吧，它会给你带来意想不到的回报。

这样买外汇

“在外汇中，日元是最为刺激的币种，我的经验是，只要买进日元，即使被套牢，不管是在3个月、还是9个月后，总是会有机会将之解套出来，也就是这个判断让我有了全仓压入的信心……”

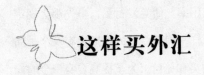

在向朋友讲到自己买外汇的经验时，赵婷滔滔不绝，因为这几年通过炒外汇确实让她的财富有了大规模的上升，周围的朋友很是羡慕，经常向她来取经。在这里，提到外汇，许多才女可能并不太熟悉，也没有尝试过，但是，它确实是一种不错的投资方式，在了解之后，你可能就要跃跃欲试了。

外汇是“国际汇兑”的简称，而外汇投资主要是指投资者为了获取利益而用不同国家的货币去兑换另一国家的货币的行为，其主要是指可用于国际间结算的外国货币以及可用外国货币表示的一种资产。它是比股市股资更为优越和稳定的金融投资工具，投资方向是全球的外汇市场，所以，它的行情被个人或者机构所控制的机率是很小的，相对于股票市场来说也更为透明和公平一些。此外，汇价每日波动不会像股市那么大，如果用实盘换汇交易投资的话，回报率很小，但如果利用保证金交易投资的话，外汇投资人则可以利用杠杆原理，以小博大，实现双向交易，能够获得不错的收益。

但是，作为一种重要的投资方式，外汇市场也是风云变幻的，那么，才女如果想投资外汇，到底有何技巧呢？我们还是先看看投资高手程敏的经验之道吧！

从1000美元起家，到如今的十几万美元，32岁的程敏早已将自己的人生与波谲云诡的汇市紧紧地绑在了一起。

每天上午10点左右，程敏都会按时走进自己的炒汇“战场”，一台电脑、一张纸、一部电话就是她全部的工具。她打开电脑，了解到经历一轮暴涨行情的日元跌到低点120。然后，她从这背后了解到世界的整体经济背景是这样的：日本对美国贸易出现大额的贸易顺差，美国气急败坏之下就通过“萝卜加大棒”的政策迫使日元升值，这也迫使日本央行多次在公开场合表示：日元绝不会升值。在这样的局势下，很多汇民对日元的升值根本不抱什么希望，但是程敏却全仓杀入。这场日元升值大战的结果是：

在日美双方长达几个月的贸易谈判中，每谈判一次，日元就升一点值，而日本为了干预升值，于是外汇储备就不断开始增加，但一切仍旧无济于事，一升再升，到两个月后，升到最高点，而程敏从这波行情中，大大获利，几个月就赢利16%以上。

对此，程敏说："表面上看似平静的，实则非常惊险！我每天都在跟这些看不见的手不停地较量着，不停地在寻思它的下一个动作是什么，它在什么时候会把我的钱给'吸'进去，我要采取什么样的方法去把"吸"进去的钱给捞回来，等等。"

从程敏的炒外汇经历中可知，要想炒外汇获取更大的收益，必须要深谙世界大的经济形势，同时，还要有较准的经济发展预测能力，需要时刻关注世界各国的政治、经济走势，才能做到知己知彼、百战不殆，才能让自己更有可能战胜它。

外汇市场也是有风险的，稍不慎，就会掉进一些陷阱之中，所以，这里还为才女们提供了一些炒外汇应采取的方法、技巧与策略，可在参考之后，做出慎重选择。

炒外汇之前，才女们要时刻铭记以下几点：

首先，要懂得较多的金融知识，同时还要拥有十分敏锐的判断力。如果你承受风险的能力很强的话，是可以选择高风险、高收益的外汇投资工具，例如外汇买卖，具有杠杆放大效应的保证金交易、外汇期权交易，以此提高外汇资产的回报率。而对于那些风险承受力较弱者或者没有精力去关注市场变化的上班族，则可以选择那些银行本金保护的外汇理财产品，特别是那些灵活性与流动性十分强的产品。

其次，选择银行外汇理财产品，还要根据自己的资金流动需求和风险偏好来做出合理的选择。如果在一定时间内要用现款，就要选择投资期限日与你预定用款时间相吻合的产品；对于那些投资理念较个性化，喜欢较高收益的才女们，则可以选择投资那些浮动收益型产品。

再次，在选择购买银行外汇产品时，要将外汇理财产品的收益率、期限、结构与风险度作一个综合的衡量和判断，弄清楚具体的产品结构、计息方式、利息税计税基础、手续费、提前终止权等几方面后再选购。

最后，才女们应多关注国际金融市场的最新资讯，例如美元利率的未来走势等，以增进自己对外汇金融衍生产品知识的了解，而且购买前最好能找一些业内专家进行咨询。

外汇市场主要是由一连串的交易日组成的，完全不关联的两个相邻交易日并不是常见的，多数的情况是这样的：上一个交易日的市场情绪延续到次日，直到遇到外力使它改变，然后新的市场情绪又影响到下一个交易日……如此循环往复，构成了涨跌互现的价格运动。但是，这中间也存在一些特征明显的交易日，它可以明确地指示出目前市场的真实意图，如果把握好这些获胜概率较高的交易机会，那么对于自身的赢利会很有帮助。

（1）强趋势交易日：从开盘到收盘如果只有单方力量控制市场，汇价只往一个方向运动时是顺势建仓的绝好时机，同时风险也是很小的。因为下一个交易日的价值区间通常都会延续一段时间，可以确保自己能够在足够的时间内获利退出而不遭受损失。

（2）高收/低收的平衡市：当日是上下波动的平衡市，但收盘则呈现高收（或低收），这就能够显示出某一方已经取得了假想中的胜利，那么下一个交易日的早期交投通常都会有利用收盘的这一端。为此，顺应收市方向建仓不失为一招好棋。

（3）突破盘整区：当维持了一段时间的盘整区被突破的时候，汇价运动都会很剧烈。这是由于市场人士对价值的看法已经改变了，长线力量非常有信心地介入而导致。此时，你只有跟随突破方向入市，就可以坐享其成。

（4）突破失败陷阱：当汇价的冲击阻力位或者是支持位失败后，它通常都会全力返回原来的价值区间，被冲击的参考点时间周期越长，返回的幅度就越宽，这是缘于市场平衡的概念。在此时，你的反应就要敏捷一点，

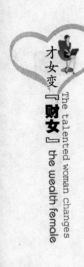

掉转枪头再反戈一击。

（5）跳空缺口：在有的时候，在开市阶段由于长线力量的猛烈入市，就会形成跳空缺口。它的特性是起到支持或者阻力的作用，在这个时候沿跳空方向建仓也会有很高的获胜率，只不过，由于缺口的种类有普通型、突破型、中继型、衰竭型等好几种，你最好还是要综合地考虑一下整体环境，进而再开始行动。

以上为才女们提供的这些机会并不是绝对不会失败，而是相对而言比较安全可靠。如果才女们能够耐心等待时机的出现，并且也能够敏锐地识别它的真假，再配合更为科学的资金管理方法，采用果断的行为，那一定能够获得良好的收益。

投资黄金益处多

“黄金投资不就是去购买黄金首饰达到资产保值的作用吗？去年结婚的时候，我买了好多呢！”

张雨在与朋友聊天的时候，这样说道。她认为黄金投资就是去买黄金首饰，这可能也是大多数才女的观点。其实，黄金投资与股票、基金等投资方式一样，也是一种投资工具，如张雨所说的，购买首饰只是黄金投资的一种形式。

黄金投资在金融领域有着无可比拟的地位，是一种稳健型的投资，黄金的重要性与价值远远要高于那些价值不稳定的货币。

最近王英就在利用这种新型的投资工具进行投资，看看她的收益吧：

王英开户的时候存入资金3万元，当时黄金的价格为465．2美元/盎司，王英下多单一手（100盎司），两天后黄金上涨至476．2，她立即平仓，两天赢利为：（476．2-465．2）×100×8．15-537（佣金）-62．2（利息）=8365．8元；一星期后黄金涨至480．6，她又在479．5下空单，四天后黄金跌至466，他立即平仓，赢利为：（479．5-466）×100×8．15-539（佣金）-90．7（利息）=10372．8元。仅仅用了不到半个月时间，王英足足赚了18738．6元，她觉得这种投资方法比股票更稳健，比债券赚得更多，为了更好地了解黄金市场，她天天都要去关注黄金市场。

半个月时间就能够赚取近2万元，投资收益确实不错，而且投资也比较灵活。看到王英在黄金市场的得利过程，相信很多才女们都想参与进去吧。但是呢，对于那些不明白黄金投资的才女们来说，在进入投资之前，一定要先了解一下黄金投资的相关知识，以此来增加对黄金投资市场的认识，这对女性投资者在黄金投资市场上获得利润将大有裨益。

黄金市场的开放程度是介于外汇与股票二者之间的，炒金者既不能像炒外汇那样，仅关注国际政治经济形势，也不能像炒股者那样仅关心国内金融市场，应该关注国际与国内两方面金融市场对金价的影响，尤其是美元的汇率变动，以及国内黄金市场对黄金投资政策的影响。

对于女性而言，投资黄金主要是要将其作为一种保值避险的工具，它可以使你的货币起到长期保值的作用。才女投资黄金首先要考虑到自身的经济状况，并要结合个人的喜好做出理性的选择。那些比较有经济实力的才女们可以选择投资实物黄金，充分利用实物黄金所具有的保值和避险功能，使你的财富不会随着通货膨胀的来临而贬值；对于那些经济实力不太强的才女，可以通过黄金在金融市场价格的浮动来获利，当然了，在投资之前，也一定要对金融市场有了一定的把握之后进行投资；而对于那些具有一定的艺术修养，熟悉邮品市场的中年女性可以投资金币产品；同时，很多才女大都是选择购买黄金首饰来投资，这样就可以使自己在拥有奢侈品的同时也达到了理财的目的。

不管你想以何种方式去投资黄金，但是必须要遵循一定的原则，这样才能使自己在投资中获得更好的收益。

首先，一定要顺应黄金市场潮流。

才女需要注意的是：要按照黄金市场所提供的信息来决定自己的投资计划，而不能单凭自己一时的喜好去行事。近些年来，游资对黄金价格的短期波动影响越来越大，包括像美国股市在内的国际金融市场吸纳游资的能力也在不断地下降，投资者一定要合理地利用金价的波动规律来获得好的收益。

其次，低点介入，长期持有。

在综合考虑影响黄金价格波动的各种因素的前提下，选择一个低点介入，然后长期持有，这是一种相对比较省心的做法。当然了，对于普通的投资者而言“低买高卖”是投资不变的法则，而这一原则同样适合“纸黄金”操作。

再次，注意投资的安全性。

这一点主要包括两方面：一是在入市前，一定要寻找一家比较合法的、能够保证资金安全、服务周到的代理经纪公司来开户交易。二是还要看清楚自己的风险与期望的回报率，以此来决定入市价格和止损价格。

最后，要有全局观念。

黄金市场一般都遵循“美元涨，金价跌；美元降，金价扬”的规律，也就是说美元是黄金价格走势的风向标，投资者在进入黄金市场之初就应该深切体会到这个规律对黄金影响的重要作用，只凭个别的因素去做出判断是十分不理智的，黄金投资一定要从国际的视角进行综合分析。

另外，才女们在投资时一定要密切地关注全球市场黄金价格的整体走势，只有充分了解全球黄金行情，才能在黄金投资中获得较好的收益。

才女们在投资黄金以前除了要遵循上述原则以外，还要学会采取一定的方法，这样才能最终实现“保值增值”的目的。具体来说主要有以下几种方法。

第一，组合投资。

在通常情况下，黄金价格与多数的投资品都是呈反向运动的态势的。因此，如果在你的资产组合中加入适当比例的黄金，才能最大限度地分散风险，有效地抵御资产的大幅缩水，进而令你的资产增值。

第二，考虑汇率。

黄金在国内出现价格波动，并不代表黄金本身的价格已经相应地变化了，它有可能是本地货币与我国货币汇率差变化的结果。所以，投资黄金需要具备一定的外汇知识，否则千万不要涉足黄金市场。

第三，买涨不买跌。

黄金买卖同股票买卖差不多，也是宁买升，不买跌。价格处于上升之势时，只要不是在顶点，在其他任何点的买入大部分情况下都是对的，而下跌时候买入，除了在最低点之时，大部分情况下都是错误的。

第四，分批买入。

在已经确定市场行情的情况下，要顺势而为，根据市场的发展趋势买入或者卖出。最低点是可遇不可求的，要抓住时机。所以，从投资策略上来说，应沿着牛市的上升趋势，在一个方向进行操作，分批买入，待涨再抛，再等待下一个买入机会。

除此之外，加买也是求胜的方法之一，在账户出现浮动利润，走势仍有可能进一步发展时，要想加买的话，应采用"金字塔"式的买入方式，即在第一次大买进之后，金价上升，显出你投资的正确性，这时候肯定又很想增加投资，就应当遵循"每次加买的数量比上次少"这一原则，这样每一次加买的数量都会减少，如"金字塔"一样，这样才不至于让自己冒极大的风险。

最后，还要说几点投资黄金时应注意的问题：

首先，不要大量囤积黄金饰品。权威理财专家认为，购买黄金饰品的主要用途应为装饰，厂商一般在金饰品的款式、工艺上已花费了不少成本，到购买者手中的时候，价格已高于金价，其保值功能相对减弱，假如黄金

价格一再降价，那么黄金饰品也不能起到保值作用了。

其次，不要在赔钱时加买。如果在买入或卖出黄金以后，遇到市场突然反方向的运行，投资者很可能要加买，这时是非常危险的，也是不可取的，不要急着再去购买。

最后，不要盲目追求预期的赢利额度。有的投资者在购买黄金投资之初，就先给自己定下一个赢利的目标，比如在一时期内一定要赚够10万元，于是心中时刻盯着这个数字。有时候价格已经快接近目标，只是差几个点未到位，本应该是出手获利的好机会，可还是要盯住原来的目标不放手，最后在等待中错过了极好的价位。

怎样投资房产才能获得高收益

“别人买房几年后就可以翻身为百万富翁，而我们在房产上投资了几次，也没有得到那么大的收益呀？人家是怎么做到的呢？”

李馨近来一直向丈夫这样抱怨，人家投资房产就能成为百万富翁，而自己投资了几次，也没有得到那样的收益，心中十分不快。说到做房产投资，许多才女可能都会觉得这是个稳赚的投资方式，因为房价最近几年确实涨得吓人。

“当你手中有钱却不知投向哪里时，房地产是不二之选，地主永远是最赚钱的，除非你对贫民情有独钟。”这是近几年非常流行的广告语。于是，许多手中稍有些钱的人都将之投入到房产领域，张婷就是其中一位。

在5年前，毕业3年的张婷手中有了些积蓄，想投资，但又不知做什么投资好，就听从父母的安排为自己买了一套60多平米的户型房子，当时买的时候价格是43万元。她买过后，就将房子租了出去，每月租金600元。后来，她结婚后又有了自己的大房子，她就打算将那套属于自己的房子卖掉，最终以52万元的高价卖出，她还了银行的房款后，加上原先的房租收入，足足赚了十几万元……

看了张婷的例子后，想必你不会感到吃惊了，因为这是大家都不可争论的事实，房产投资所带给她的财富利益一点都不夸张。她仅仅用了5年的时间，在不费任何力气的情况下就轻松赚到了10万元，可见房产投资是一个多么有前途的投资方式。

不可否认，近几年来房地产业已经成为国民经济的支柱，并成为当今世界各国经济发展的重要产业之一。所以，房地产投资是目前各种投资方式中，升值潜力最大的投资方式，也是资本积累最快的一种理财方式。所以，对于那些有多余闲置资金的才女来说，如果能投资房产，就可以让你迅速从才女变为“财女”。投资房产的收益固然很高，但是，要想获得更高的回报，才女们还是需要注意以下几点的：

（1）在投资房产前，一定要制订房产投资计划。

买房其实与炒股是一样的，首先要有先觉，懂得判断楼价的走势，还需要具有丰富的实践经验与专业的投资眼光。在投资时，可以先从自己熟悉的周边地区开始，把握稀缺资源，不做高风险的投资，一步一个脚印，赢得稳定收入。

（2）选好地段。

地段好的房子永远都会受到投资者的欢迎，虽然不好的地段经过发展有可能会变成好地段，但那都是未知数。而如果你事先都选择好地段的话，在相当长的时期内（至少是你的房屋所有期内）一定还是好地段，而且可能变得更好。多数情况下好地段的房子所占用的土地通常已经成为不可再生资源，本着“物以稀为贵”的原则，它的价格是会不断上升的。况且，一个城市中的好地段是非常有限的，因而在这个地段的房子更具有升值潜力。如果你的资金比较宽裕的话，不如为自己的小家选择一个好的地段吧！

（3）选择配套服务设施对房子的升值空间也是有影响的。

买房对于才女们来说并不是一项简单的投资，作为一个投资者，谁都希望自己的房产能够不断升值。而房产周围的配套设施如：商业环境、生活环境、配套设施与物业管理等都是影响房子未来的升值潜力的重要因素，所以，才女们在买房的时候一定要谨慎考虑、认真分析房子周围现有与潜在的配套设施，选择好的配套设施是十分重要的。

（4）炒卖楼花。

在买房前可以事先多考察一下，选准那些富有升值潜力的期房，在楼花抛售之初予以购进，待机再转卖，从买卖交易中赚取差价。运用炒卖楼花这种操作手法时应该注意的是：要事先洞悉本地房地产的走势与行情，选准具有升值潜力的楼宇是成功买卖楼花的关键。

（5）见人下菜碟。

在购置房产前，一定要实地仔细考察，目标楼盘附近是否会有较大的租房市场需求，租客是哪类人群，都喜欢什么样的户型，这样才能在房子到手后可以先出租出去，也能从中赚取一部分租金。只有这样有针对性地面对市场需求，才能准确地做到“见人下菜碟”。比如在大学校区附近的楼盘，学生经常出没，又喜欢扎堆，经济实力不是很强的学生喜欢租住租金便宜、户型较小、最好是一居室、简单装修的房子。你如果能按照这个标准购下房子，应该会获得较为满意的回报。

（6）尝试二手房。

在相同的地段二手房往往比新房的价格要便宜，而且这些二手房一般有比较成熟的商业区和较好的居住环境。才女们如果手中的资金有限，那不妨就购置一套二手房，一方面它周围的设施相对较成熟，另一方面因为位置好、交通便利等优势可以用来出租赚取相对高额的租金，等时机到了出售后也可以获得巨大的收益。

（7）以旧翻新。

将二手房买来再装修一番，只需投入一笔装修金，就可以大大提高其附加值，装修后可以先出租，待时机成熟再出售，这样就可以以小的投入换取较大的收益。当然采用这种方式投资的才女一定要注意：尽可能选择那些地段好，易租售的旧楼，如在学校、集市、闹市区附近的一居室房。此外，在装修布局之前一定要结合地段经营状况以及房屋建筑结构，确定楼宇的使用性质以及目标顾客，切忌盲目装修。

（8）提前购置拆迁房产。

你事先要看准一处极具升值潜力的房产，以洞察先机为前提，在别人尚未意识到该房屋要拆迁之前，就将其买下来，等到拆迁之时就可以得到一笔十分优惠的补偿金，这也是一种不错的投资。但是，投资这类房需要对城市建设和规划事先有一定的了解，若能消息灵通事先知道哪些房产会被拆迁，来提前投资，得到丰厚的房屋补偿应该不成问题。

不管你投资哪种房产，也不管你投资房产的目的是什么，一定要看准时机、衡量性价比都是你事先必须要完成的一项功课，毕竟对于大多数才女来说，房子是人生中的大事情，马虎不得。还要注意的是，投资房产一定要考虑自身的经济实力。买房子是为了赚取更多的钱，让自己过得更加舒适。但是如果因买房而成为压力过大、郁郁寡欢的“房奴”那就太不值得了。

收藏—用兴趣去赚钱

在银行上班的陈燕从小就对钱币有一种特殊的爱好，于是，她一直都在收藏各种各样的钱币，不管国内的还是国外的，她足足收藏了一大盒子。前不久，她从电视上看到一个收藏鉴赏节目，其中介绍到她收藏的一款错

版人民币价格近百万，陈燕可高兴了，没想到自己无意的收藏竟然给自己带来了一大笔财富。

与大多数的收藏者一样，陈燕刚开始收藏钱币的动机源于兴趣，对于通过收藏来赚钱甚至想都没想过。但是，无意之中自己竟然得到了一大笔财富。才女们可能该动心了吧，没错，收藏也是一种可以赚大钱的投资方式。

我们传统意义的收藏大多指的都是古玩、珠宝、钱币、邮票、纪念章等具有历史感和年代感的物品。但是，对于那些没有多少资金去买古玩珠宝的才女们来说，在自己的能力范围之内根据自己的喜好收藏也可以给自己带来一些意外的财富呢！

当然了，收藏的东西不一定是非常贵的，但是一定要有意义，除传统的收藏品种之外，一些极具个性的藏品也越来越多地受到女性收藏者的喜爱：限量版的T恤、球鞋、牛仔裤，纪念性的卡片、漫画、小人书，时尚感很强的CD、杯子、太阳镜，淑女型的布艺、头饰、名牌包……收藏的种类是非常多的，看你爱好什么啦！当然，这些收藏中有的可以赚钱，有的只是私藏，不过就算不能卖钱，对你来说也没有损失什么，毕竟那些都是你自己喜欢的东西。

收藏的初衷也许只是因为好玩儿，玩儿谁都会，可是能玩儿出门道，玩儿出花样，玩儿出收益的人却不多。但是，对于收藏，有时候真是“有心栽花花不开，无心插柳柳成荫”，在收藏的过程中真的可以得到一大笔财富。

赵洁就是个非常典型的“财迷”女人，朋友都叫她“破烂王”。一些陈年旧从旧粮票到旧徽章，从旧家具到旧电器，从旧报纸到旧杂志……只要是她爸妈看了都碍眼的东西，她却视若珍宝，一一地收藏起来。

对于她的这个习惯，家里人都非常反对，因为那些旧东西既占空间又有碍观瞻，如果不是赵洁自己坚持将它们都收起来，早就被当做破烂东西卖掉了。不过，自从赵洁将家里那台"收藏"了几十年的、最老式的、连收废品的都不愿意要的环宇黑白电视机，以"天价"卖到1200元后，家人对她的"收藏癖"不再有非议了。随后，她收藏的很多旧邮票都卖到了很高的价格，她的家人也开始支持她收藏那些旧东西了。最近家里搞装修，那台最古老的、白色的、球面的电脑显示器又没了去处，"破烂王"赵洁当然不会放过这个机会，在第一时间抢到手中，物以稀为贵，盘算着再过个十年八年就能值钱了呢！

虽然赵洁的收藏嗜好多少有一些"另类"，但是她的收藏眼光还是有值得肯定的地方的。她收藏的原则是遵循"物以稀为贵"，看似普通的东西只要年代久了，说不定就会成为宝贝呢！而对于想利用收藏来投资的才女们，就不妨让自己更为积极主动一点，多学习一下有关收藏方面的知识，多与身边有收藏爱好的人请教，让自己的眼光变得独到一些，收藏一些自己既感兴趣又可以升值的东西。另外，还要提醒的是，你若想真正地成为一名收藏高手，想将收藏作为一种投资方式，就要注意以下几个方面。

第一，不要三分钟热度，朝三暮四。我们知道，收藏是一个积少成多的漫长过程，如果你只是一时兴起就大张旗鼓地开始收藏，那还是别浪费时间了。如果不是出于自身真正的爱好，没有兴致自然就会束之高阁，那你的收藏品也永远成不了什么规模。朝三暮四的结果也是一样，今天收藏这个，明天又想去收集那个，到最后什么都收藏不了，更别说让它们为你带来额外的财富了。

第二，不要求全责备。你的收藏应该要集中于一个方向，而非遍地撒网，"如果什么都去尝试收藏"，其结果往往"什么都收藏不成"。与其这样，倒不如将你的所有精力都集中在一个目标上面，去好好地努力，这样才有可能会有所建树。

第三，不要好高骛远。收藏是一个漫长的过程，其过程也一定是先粗后精，由浅入深的过程，不要一开始就想拥有超凡的鉴别能力或者稀世珍

品，好高骛远只会让你失去耐心和信心，让你在还没有成功前就提前放弃。

第四，不要夜郎自大。只收藏而不学习，对自己的收藏品完全没有概念，胡乱收藏，说不出一个所以然来，即便是自己得到了好东西也没有办法让它的价值彰显出来，那你与仓库管理员其实就没什么区别了！

第五，不要优柔寡断。看中的东西一定要手疾眼快、当机立断，否则一旦你优柔寡断，就很有可能会错失许多良机，只能眼睁睁地看着自己中意的东西到别人手中，最后追悔莫及！

第六，不要秘而不宣。“独乐乐与众乐乐，孰乐？”这是个问题。如果你将自己收藏的东西捂得严严实实不让别人去看，那你收藏的乐趣与意义又何在呢？对自己的收藏品不要秘而不宣，而应该多和与自己有相同爱好的人共同分享一下，让它放出更多的光彩！

第七，不要急功近利。收藏是可以为你带来意外的财富，但是你却不能太急功近利，如果只是为了得到财富而去收藏，那只会让你变得盲目，不安分，那么你的兴趣也只会变得索然无味。同时，你为了得到财富也可能会动用你自己的大部分资金，从而影响到你的生活。要知道搞收藏也应该用你的闲钱，急功近利只会让你失去更多。

第八，不要玩物丧志。如果你不是古玩鉴定师或者玉器店老板，那么你只要将收藏当成自己的一种爱好兴趣就好了，哪怕它曾经为你带来了很大一笔财富，你都不能因它而荒废了自己的主业。收藏可以成癖，但不能丧志，你把自己的事业、家庭、理想都丢掉了，那么你还用什么来支撑你的兴趣，你的兴趣又有什么意义呢？

你有收藏的兴趣是好事情，也是一件雅事，如果能用它来赚钱更是一件乐事。但是前提是不能因它而坏了你自己的正事。所以，才女们想要通过收藏来陶冶情操也好，获得财富也罢，都应该在自己的能力范围之内。具备良好的心理素质和收藏品质，才能让你的藏品大放异彩，赚到最大利润！

第十一章

制订理财计划的“锦囊妙计”

要理财必须要有自己的理财计划，只有明确了你未来的财富计划，才不至于每到月末就囊中羞涩，才不至于使你的财富陷入混乱之中，也才能让你一步步地实现自己的财富目标。当然了，对于不同年龄段的才女，其理财规划是不同的，才女们一定要根据自身的实际情况，给自己制订切实可行的财富计划，最终实现自己的财富目标。

理财目标不可少

团体面试时，考官问了应聘者同一个问题：“你们为什么要到这个公司来?”

A说：“我到贵公司是为了学习和积累新的经验!”

B说：“我到贵公司一定会努力工作!”

C说：“我到贵公司的是为了当部门经理!”

……

面试结束后，C被录用。考官指出，C有明确清的工作目标，而A与B的目标则是模糊不清晰的。在工作中必须拥有明确清晰的目标，才会有强劲的工作动力，才能做出真正的成绩来。工作如此，理财也一样。在理财过程中，也必须拥有清晰明确的理财目标。有的才女可能会说，理财不就是将自己财务进行分配吗，还需要什么目标呢？这是一个错误的认识。如果你没有明确清晰的理财目标，那么，你生活中所有的目标都有可能化为幻影。不信，你听听亚琼的诉说。

“我对财富的渴望就是希望自己未来能有一个温馨的小窝、一辆豪华的座驾、一趟欧洲之行，当然，这些都要通过我自己的财富去实现，我一直都在努力，但发现自己总是像一只无头的苍蝇一样乱撞……几年过去了，我为什么还一无所获呢？我每月的工资也在不断攀升，并且也不断地坚持理财，但是几年过去了还处于当初的状态……”

亚琼常在朋友面前这样抱怨，她觉得自己每月的工资也在不断地攀升，储蓄的数字也不断地上涨，自己明明为梦想努力拼搏了，但是为什么心中的财富梦想就是实现不了呢？也许在现实生活中，很多才女都有这样的困惑。

其实，我们可以发现，亚琼之所以没能实现自己的梦想，就是因为她没有将自己的梦想转化为财富目标。她可能只有财富梦想：一个温馨的小窝、一辆豪华的座驾、一趟欧洲之行，多数情况下只是去想想而已，并没有一个具体的实施方案和时间表，对于如何来实现这个梦想的目标更是一头雾水。因为没有具体的行动目标，当然也就谈不上如何去实现，自然也就实现不了，这也就是所谓的“凡事预则立，不预则废”。

对于才女们来说，如果想要将梦想变成真，首先一定要制订一个理财的目标与规划，而且越早制订具体的实施规划，梦想才能越早变成现实。制订财富目标是实施个人理财计划的第一步，这一步如果能开个好头，后面的路自然也就好走了。至于具体的操作程序就是要确立有效的财富目标，现在我们就来看看什么样的财富目标才是最有效的。

第一，列出你的财富梦想。

将你想要通过财富实现的所有的梦想全部写出来，然后根据自身的情况进行具体的分析，筛选出那些对你个人来说切实可行、操作性强的财富愿望，同时将自己那些异想天开、不切实际的愿望剔除掉。因为只有找出自己的财富梦想并将之放在实际生活中具体化才有实施的可能性。比如，你想拥有一个温馨的小窝，那你就必须要明确地知道这个小窝的面积，价值等，还有你打算在几年内实现它等。有了这样的目标后才能够激发出从现在就开始制订并实施适合自己的理财计划，才能使自己的这个愿望早日实现。

第二，目标一定要有可度量性。

只有衡量得出的才具有可实施性，因此你的财富目标一定是不能含混不清的，最好能用数字来衡量。如果你将自己的目标设定成“我要成为有钱人”“我要有一座豪华私家车”“我要成为比尔·盖茨”……那么你的目标是不大可能会实现的。因为不管是“有钱人”“豪华私家车”，还是“比尔·盖茨”都只是一个概念性的东西，没有可以衡量的标准，而具体的财富目标是要求要用具体的数字来衡量和表示的，因为只有将它用足够清晰、具体、详细的量的标准来执行的话，实现起来就一定会更加明确和顺利。

第三，为你的目标制订比较合理的时间计划表。

聚财的目标一定是要有具体执行的时间表，清晰地将自己在一定时间内要实现的财富计划与财富目标都列出来，这样才能督促自己去实现。同时，也提醒自己不要将今天的目标拖到明天去实现，因为明天还有明天的具体安排，况且明天会发生什么变故谁都不知道。在这里要告诉才女的是一定要学会“按部就班”地执行你的聚财计划，激进与拖延都是聚财的大忌，只有在截止日期内完成你的聚财任务，才能保证自己的财富保持持续平稳的增长。

第四，目标制订要有顺序与层次。

在不同的阶段人们对物质与精神财富的需求是不同的，所以，在不同阶段理财的目标也是可大可小的。做事情要分清轻重缓急，理财也是同样的道理，人的一生就像是一个空瓶子，需要用诸如石块、石子、沙粒这样的东西来填充，而放进这些东西的先后是要讲究顺序的，它应该是：石块

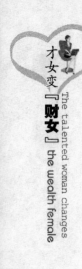

一石子一沙粒，也就是说放进去的一定要是最大最重的东西。如果先放了沙粒或者是石子，石块就不可能再放进去了。理财也是如此。

在理财时，你必须先要选定你的长期目标，在一般情况下它主要包括买房、购车、子女教育、自身的养老问题等，这是你人生的基本目标，而其他筛选出来的可行性目标都应该是围绕这个基本目标来完成的。它们可以在较短的时间内完成，也是实现人生基本目标的前提与保证，将这些具体的目标按照时间的长短、具体的数量分别进行排序，理清脉络，才能更好地朝着最终的大目标去迈进。

第五，制订具体的理财行动计划。

学会将你的财富目标分解和细化，将其变成可以具体操作与掌握的东西，比如每个月的具体存款数额、日常的消费支出、每年的投资收益、银行的借贷与还款额度等，将那些不能一次实现的目标分解成若干具体的小目标，然后再逐个击破的话，你的财富积累就会变得容易得多。你如果将一年、十年、一辈子的理财目标细化到每一天，那么，你就会知道你每一天努力的方向是什么，也不会像一只无头的苍蝇一样四处乱窜了。

第六，不同的情况下，适当地调整目标。

所谓的“计划赶不上变化”，任何一个计划在实施的过程中都会遇到现实存在的一些变数或障碍，在遇到变数与障碍的时候，你就要及时地做出变通的决定。在确保大方向不变的情况下对具体的实施步骤进行调整与改良，才不至于让自己的财富之路因陷入泥潭之中而被搁置。

的确，聚财是需要目标的，有了目标也就有了方向，有了方向才会有完成的动力。只有尽快将自己的理财计划提上日程，才能让自己尽快地行动起来；只有让自己切实地行动起来；才不会让自己的财富梦想变成一个个肥皂泡泡。

因此，对于都市才女而言，只有先制订出切实可行的财富目标，财富的梦想才不会只是停留在“想想”而已的虚幻之中；只有明确了财富目标，才能制订出详细的实施计划，进而在计划一步步的实施中获得动力，最终在聚财的道路上不断地收获惊喜。

未婚单身才女的理财"规划书"

"毕业已经两年多了，但是我到现在一分钱也没有存下来，马上就要回家过年了，突然觉得十分愧对父母。杭州是个高消费、低收入的城市，在这个城市里生存，实在是一件十分不容易的事情。有什么理财的妙招可以给我建议一下吗？"

临近春节，因为没有钱回家的马晓十分焦虑地走进了理财事务所，想让理财规划师给自己提一些合理的理材计划与建议，想从现在起就开始理财，希望为时不晚。

有些未婚单身才女由于刚步入社会不久，收入也不多，再加上平时理财意识淡薄，几乎没有什么钱财。但是，这个时期却是个人资产原始积累的重要阶段，如果再没有什么财富规划，可能一直都要处于如马晓那样窘迫的生活状态之中了。如果不想一直处于紧巴巴的生活状态之中，你就应该尽快地行动起来，及早地为自己的后半生做一个合理的财富规划。这时有的才女可能会问："钱都不够用了，还谈什么理财呢？"

才女们应该知道"有'理不在财多，没财更需理财"的道理吧？正因为没财才要去理财，理财与有钱和没钱是无关的，它是协助你完成财富目标的一种手段。即使你手中现在一点闲钱也没有，也是可以通过一定的规划去完成你的财富目标的。那么，具体怎么去规划呢？

第一步，要明确自己当前的收支状况与资产状况。

根据调查，当前大部分单身才女的收支状况与资产状况都在这样一个

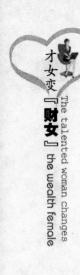

范围内：

税后收入2000～6000元，月基本支出（主要指租房、吃饭以及维持日常生活的基本支出）1000～3000元，几乎没什么储蓄与投资项目等。

第二步，要根据现实状况，列出自己的理财目标。根据才女当前的收支状况，具体理财目标主要为：

(1) 投资为零，没有负债，如何能让自己手中有限的资本通过合适的投资达到增值的目的？

(2) 怎样为父母的养老问题做好充分的准备？

(3) 除去基本生活开支以外其他剩余的钱应该要按怎样的比例去储蓄或者去投资？

(4) 如何去准备一笔未来的创业资金？

(5) 部分才女还有购房、购车计划，要通过何种方式实现自己的这些计划？

第三步，如何将你有限的收入通过合理的投资分配，去实现你的理财目标。

这是一个十分复杂的问题，得根据你自身具体的生活习惯与实际情况而定。不过，在这之前，我们可以先听听理财师给马晓提的理财规划吧。

理财师首先分析了马晓的收入情况：税后收入2600元/月，兼职收入1500元/月；单位有社会保险；房租500元/月（每半年付一次）：其他类基本生活支出1000元/月；月结余：2600元；没有储蓄和投资项目，父母都是农村户口，没有养老金，妈妈有养老保险，爸爸没有，她需要承担父亲的养老问题。现在她只是单身一人，以后是否会在这个城市长久地待下去，还没有明确的打算，所以，买房与购车当前不在她的考虑范围之内，但是她将来有一个非常明确的规划，那就是一定要创业，所以，当前她也希望自己可以存下一笔创业资金。

针对马晓的收支情况与理财目标，理财师为她制订了这样一套理财规划方案：

（1）半年一付房租，与其将每月份存入的500元存入银行得利息，不如拿来去投放到货币市场基金中去，以博得比银行活期利息更高的收益。

（2）马晓父亲未来的养老问题，为了减轻以后的负担，马晓应提早准备这笔资金。

如果按照每月600元的生活标准计划的话，其父亲今年50岁，按照国家标准马晓的父亲如果在60岁退休的话，即马晓当前每个月应该准备出300元，即3600元/年，投资一个年收益率为4%的产品，等父亲退休后，首先就能拿到十几万元的养老金了。同时她每个月也应该再拿出200元左右作为父母的大病、意外、医疗方面的保险费用。

（3）除去每个月1000元的生活成本费用、500元的房租以及500元的父母医疗、养老方面的开销，马晓每个月的结余为4100元-2000元＝2100元。另外，马晓也应该为自己准备3～6个月的“不动产”资金以备自己应急之用，即5000元左右，这笔钱可以通过一年的时间准备出来，即每月400元做这样一份准备。

同时，马晓自己单位有社会保险，但同时应该再准备一份商业保险计划作为社会保险的补充，即年收入的10%即400元左右来购买年收入10倍的保险保障计划。

（4）由于马晓比较年轻，从年龄角度考虑，她能够承受较高的风险，但是她的生活风险也是十分低的，她也可以将自己余下的1000元左右结余的资金用来购买股票型基金，以博取较高收益，假定年回报率7%左右，则马晓在5年后就可以为自己积累7万元左右（如果是10年后可积累20万元左右）的创业资金了。

针对未婚单身才女马晓的理财方案，理财师给了如下的总结：一，她的四项理财目标都可以得到满足。二，不突破她现在的财务资源与以后持续增加的财务资源限制。三，个人资产的综合收益比较理想，可以抵御通

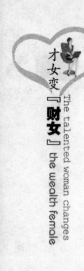

货膨胀带来的财富贬值问题。

同时，理财师还指出，制订如马晓这样的未婚单身女性的理财规划，除了要考虑到基本资金的流动性与保险保障外，重点还要考虑其资产的收益率。当然了，有的才女的父母如果在此期间都可以通过自己的劳作去解决自身的生活与医疗问题的话，那么在具体规划的时候，就暂且不用将父母的养老问题列入其中了，但是，你的情况如果与马晓相似的话，一定要将家庭成员的部分情况考虑在内，并预留部分资金作为父母的养老金与医疗金。

通过马晓的规划，才女们也可以根据自身的情况，对自己做一下理财规划。不过，理财师根据目前大部分才女的具体状况，大致上也做出了以下理财规划，才女们可以在参考的基础上针对自身的具体情况再做决定。

（1）资金规划。大部分未婚单身女性在还未成家前，基金定投是非常理想的投资工具。具体用多少去投入到基金投资中呢？扣除你日常生活包括基本生活开支与房租（房贷）外，拿出你结余钱财的约45%作为基金投入，便是稳妥的。

比如马晓，她每月的收入是4100元，扣除基本生活开支与房租外，每月份还有2600元，其拿出1100元左右作一个基金定投就可以了，投资于一个年收益为5%的产品，到她55岁退休时，便可以获得100万元左右的资金。当然了，如马晓这样的单身才女事业都处于起步阶段，今后随着事业的发展，收入水平也会逐步地提高，则可以根据发展变化，对基金规划做出进一步的调整以获得更高的收益回报。

（2）养老保险规划。这主要是针对那些要承担父母养老问题的才女的，如果父母没有任何保障，才女们最好的方式就是考虑为父母购买保险，别等到父母真的丧失劳动力的时候再去养他们，那势必会增加自己的负担。对此，才女们可以考虑国家政策，结合现有农村居民保障制度，为父母早早地申请下农村社会保障，同时每个月只需拿出几百元做定投，到父母退休之时，便可以安享晚年了。

比如马晓的父母，她需要承担一半的养老责任，她出 300 元，让父母每月拿出 300 元做定投，她的父亲差不多还有 15 年退休，投资一个年收益率为 4% 的产品，则到其退休可获得资金约十几万元的退休金。

另外，马晓拿出 200 元作为父母意外病变，这一部分钱也可以以保险的形式为父母投保，保额可设定为 200000 元，年支出保费为 2400 元。随着她事业的进一步发展，在未来经济条件改善的情况下，可以加大对于父母养老保险规划上的投资力度，那么，她的父母便可以过上一个幸福安康、无忧无虑的晚年生活了。

(3) 保险规划。对于未婚单身才女来说，如果自己单位的保险额度太小的话，也应该要给自己补一些社会保险，以提高自身的风险承受能力。根据理财规划行业著名的"双十原则"，保险规划中保额的设计为 10 倍的家庭年收入，保费则不宜超过家庭年收入的 10%，这样保险的保障程度比较完备，保费的支出也不会给自己带来过重的财务负担。

比如马晓，每年需要支出 4800 元，投保额可定为 480000 元，同样可以选择健康型保险与保障型保险，以满足自身的需要。

总之，未婚单身才女在现有的经济条件之下，完全可以进行上述理财规划，以后随着自身能力的发展，可根据需要改变理财规划与方案，以达到让自己真正成为财女的目的为至。

家庭成长期才女的"理财法"

"我的家庭正在成长期，压力异常大，每月的房贷、巨大的生活开销、做生意的商业贷款、儿子的抚养教育费用等，压得我喘不过气来。我有理财目标，但是根本不知道如何去实现，我该怎么办呢？"

绍琴中午下班后向家庭理财师咨询理财方法。摆脱了单身生活，绍琴现在承担的不单单是一个人的生存发展问题，还有一个家庭的生存发展问题，压力自然就增大了，焦虑也是正常的。

处于家庭成长期的才女所面临的生活压力可能与绍琴是大同小异的：每月的房贷、巨大的基本生活开销、子女的抚养和教育费用、自身的养老计划、购车计划等。面对这样一笔笔的大额开销，在没有其他收益的情况下，仅靠家庭的那点收入，谁会没有压力呢？那么，在当前的情况下，如何去解除这种巨大的压力呢？

才女们首先想到的办法可能就是增加收入。怎么去增加收入呢？靠升职、加薪吗？但它是需要一个长期的过程的，何况每次加薪的数额十分有限，远远比不上支出增长的额度。靠做生意吗？做生意的确可以使财富增长的快点儿，但风险也是无处不在的，稍不留神可能连老本都不保。难道真的没有办法了吗？当然是有的，理财是能使财富增长的最重要的方法。如果你能将你的财富好好地规划一番，并按照规划方案去做，你的压力很快就可以消除的。那么，对于家庭成长期的才女来说，如何具体去规划呢？

第一步，将你的资产全部亮出来。

据调查，大部分这个阶段才女家庭的资产与财富基本情况都在以下范围之中：

家庭年收入6万~20万元，自身收入占家庭收入的30%~50%；家庭成员大都有养老保险；家庭储蓄存款1万~3万元；房贷占家庭支出的20%~30%；基本生活支出占家庭收入的10%~30%；子女教育费用占家庭收入的0.05%~0.1%；投资额度占家庭收入的10%~30%。

第二步，根据家庭情况，列出家庭理财目标。

这一阶段，才女的家庭理财目标一般都表现为：

（1）如何才能提前还房贷？

（2）如何规划子女从小学到大学期间的教育经费？

（3）如何完善夫妻两人的退休养老计划与医疗保险？

（4）如何实现购车计划？

第三步，如何将你的资产进行融合与合理的分配，去实现你的理财目标。

处于这个阶段的才女的家庭状况是复杂的，分配起来自然就更为复杂了。在没理清规划头绪之前，还是先看看理财师是怎么给绍琴规划的吧。

绍琴向理财师讲述自己家庭的收支状况：家庭年收入15万元，其中自己的年收入为5万元；家庭年支出12万元。丈夫和自己在单位都办有“三险一金”。女儿9岁，上小学。家里拥有价值64万元的住房，2万元的活期存款，3万元的一年定期存款，银行房贷48万元，还款期为20年，月供款3000元，月生活支出2000元。

同时，她也向理财师提出了她的理财目标：拟将20年期房贷，用15年时间还清；规划女儿从小学到大学期间的教育经费；完善夫妻二人退休养老计划与人身疾病商业保险；5年后实现购车的愿望。

根据她的家庭状况与财富目标，理财师为她提出的理财建议为：

第一，建立家庭应急准备金，应急准备金应为家庭硬性支出的6倍，即为30000元，这一部分可以以基金的形式存放。

如果要想将还贷缩短，则每月需加还约1000元，可暂将这1000元购置一些基金或其他收益相对较高的投资方式，让它获得一些收益后可一并还房贷。

第二，设计家庭避险方案：完善养老保险，给自己与丈夫买一定金额的养老保险与意外险，总计可投60万元保额，保险期为20年，给丈夫主要买寿险附意外保险为主，自己主要买重疾险与意外险。

第三，女儿从小学到高中费用家庭日常开销即可，主要是要为女儿购买将来上大学的学费。对此，理财师建议她可以通过购买基金定投或教育基金的方法实现。假如目前4年大学费用开支全部累计10万元的话，按照5%通胀率考虑，10年后需要费用大致为16万元，可购买年收益率为8%

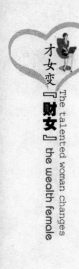

~10%的混投基金，每月只需投入800元即可。

第四，购车计划，因家庭压力过大，每年的结余算下来只有2万多元左右了，还是暂缓购车计划比较稳妥。

看了绍琴的理财方案，才女们是否有一头雾水的感觉，因为数据计算确实挺复杂的，但是不要紧，慢慢来，一项一项地去计算，你就会知晓其中的奥妙了。尽管它是一个复杂的过程，但是，通过规划后，绍琴的创富之路的确明朗了许多，如果按照这个规划去做，她的财富目标都是可以实现的。

才女们可能会说，我的家庭况状和她的又不太相同，我该怎么去规划呢？对此，理财师专门针对家庭成长期才女的家庭给出了大致的理财规划方案，才女可以参考。

理财师指出，针对家庭成长期女性家庭的情况，理财规划主要从以下四方面去考虑：房贷、保险、教育金以及具体的投资规划。具体要遵循以下几个原则：

首先，由于家庭成长期的特殊性，家庭投资方式应选用更为积极一点的投资方式，例如股票，外汇等。但是对于每月开支吃紧的家庭来说，可将资金分配于基金、保险和国债等各个投资渠道，以求在稳健中达到增财的目的。

其次，夫妻保险。应重点考虑定期的寿险、重大疾病险及终身寿险。随着收入的增加，每年也应保持将年收入的5%投入保险才算合适。

再次，教育基金。子女的教育基金应提早准备，可选用债券基金、基金定投、投资分红型保险等比较稳健的投资方式实现资金的增值。

最后，购车计划。对于处于家庭成长期的才女们来说，购车要根据自身的经济承受能力，不可盲目购车。应在估算每月结余多少钱的基础上去评估是否有购车与养车的能力。当然，车子也并非是越贵越好，也可以根据自身的能力考虑购二手车。

同时，要注意的是，在现代社会，有钱并不一定要去急着还房贷，完全可以利用房屋的杠杆作用去获得比房贷率更高的回报。

看了上面的理财规划建议，才女们也对自己的家庭理财计划做出一个规划吧！如果你还不清楚的话，可以找理财规划师为你规划，需要提醒才女们的是：越早做出规划，财富增长的速度就会越快，你所承担的压力就会越小。

离异单身才女的理财规划

"我今年40岁了，下岗在家，单身没有什么经济负担，想出去找工作，但是感觉很累，按说像我们这年纪的人找工作也不是件容易的事情，但是如果不出去工作又觉得心慌，没安全感，我不想坐吃山空，麻烦你教教我怎样理财？"

邓丽走向理财事务所，向理财师询求理财的方法。她是单身家庭，几乎没有什么收入，但是也没有多大的经济负担，随着身体机能的不断下降，花费也会越来越多，在入不敷出的情况下，及早地做好理财规划是十分明智的选择。

大多数离异单身才女与邓丽的情况是相似的：收入不高或者没有收入；有些储蓄；有房产；大部分没有养老保险与意外保险；几乎没有什么投资项目。根据这几项基本情况，可看出离异单身才女在这个时期最为担心的问题主要表现为：

如何能使自己手中的财富增值？

如何让自己的晚年无后顾之忧？

如何让自己免于意外的威胁？

当然了，最为担心的问题也就是她们最为重要的的理财目标。如果不能在她们还有些社会能力的时候尽早地解决这些问题，那么其晚年的生活也可能只能在毫无保障的情况下度过。针对离异单身才女的实际情况，理财师建议其理财规划应该根据“增加收入，合理支出，增加资产，降低风险”的原则去进行。具体怎么去规划，且看理财师给邓丽的建议吧。

邓丽的基本财务情况为：银行有存款15万元，4年期保本基金有5万元，并有一套价值15万元的住房，没有任何医疗、养老等保障性投资；平时没有什么经济负担也没有大的经济支出，基本的生活费用为1000元/月。

针对邓丽的情况，理财师给她列出了具体的理财目标：①再投入一些医疗等保障性投资，以应对生活中的突发事件。②提高投资收益，并足以支付日常的生活开支，让自己安枕无忧地不用工作。

根据理财目标，理财师通过分析，给她提出了以下几点建议：

（1）日常家庭的备用

投资的前提是保证资金的流动性，对于邓丽的情况，理财师建议她留存5000元作为家庭备用资金，当然了，为了增加收益，她可以用这资金去购入活期的货币基金，既可以保障自身资金的流动性又享受银行定期一年的利息。为了让资金更为灵活，理财师建议她开设一张信用卡，透支额约2000元即可，该卡可先消费后还款，每月可享受20~50天的免息期，可以让手中的开支资金流动性更强。

（2）投资规划

首先在确保手头的存款保值的前提下，想办法让存款增值。关于存款的增值，理财师建议她能从15万元存款中拿1.3万元左右用于购买保额5万的年金保险，缴费大概在10年左右，这样就可以让她从50岁开始每月能领取到500元养老金，同时它每3年后还要增长50元直到增长到85岁，到85岁时仍可以领到1万元的祝寿金及红利。

存款的保值。因为人在35~55岁间很容易发生疾病，特别是重大的疾病，对邓丽来说，如何将风险转移出去是投资的关键。为此，理财师建议她每年花1000多元去购买10年缴保期限的10万元女性重大疾病保险，包括33种重大疾病，以增强风险的抵御能力。

投资货币基金与短债基金，这两样投资稳定性强，资金的流动性也强，而且收益要高于活期存款，可将她的50%的储蓄资金拿出来进行投资。此外，理财师还建议她可拿出1万元左右投资经常分红的股票型基金，它的安全性高，收益相对也高。

这是理财师根据邓丽目前的经济情况为她提供的理财方案，这个方案既可以使她的资金保值增值，以应当前生活之需，又可以保证其养老生活之需。另外，理财师还建议邓丽休息好后，还应投入到工作中去，将资金多投入到一些养疗和养老方面，让自己享有一个的安逸的晚年。

针对实际经济情况，理财师还给大部分的离异单身才女出了一些理财规划建议，离异单身才女可以参考：

（1）医疗与养老等保证性支出是关键。在这一个时期，女性的身体机能逐渐下降，因此，理财规划首先应关注重大疾病保险、医疗、住院补贴保险、寿险、养老保险等，离异单身才女们看看自己在哪些方面还有不足，赶快补充上。因为到50岁以后，这些都是必须要用到的。

（2）投资产品。单身中年才女在这一阶段应以保守的投资为好，因为自身的风险承受能力是十分有限的，比如基金、债券等都是比较好的投资工具，离异单身才女可以根据自己的实际情况去购买，或者可以去找理财师咨询，以稳妥为好。

（3）单身中年才女尽管没有什么经济压力，但是最好还是要有自己的工作，多一份收入就能多一份保障。如果不想去工作，可以考虑投资开一家适合女性经营的小店，比如鲜花店、家居配饰店、宠物店等。这种小店有一定的消费群体，风险小，收入相对比较稳定，是一种较为稳妥的投资方式。

(4) 开源节流。要增加财富，对于离异单身才女来说，开源是十分不容易的了，如果能从节流上下工夫，也能使财富增值，能省等于多赚嘛。从节流开始的现金管理计划可以发挥小钱的力量，帮助你提高应对困难的“战斗力”。同时要注意的是，让节流并不意味着要降低自身的生活水准。

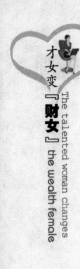

总之，离异单身才女无论是投资还是消费都要比以前更要谨慎和精细，因为这是保证家庭财务安全的最重要的法则，也是提高你长期生活质量的方法。

第十二章

不可不防的理财误区

理财是实现财富目标的重要手段，但是，在日常生活中，有许多才女在理财方面却存在一些误区。如果不小心走入这些误区之中，你的“财女”愿望可能就会成为泡影了。所以，才女们如果能转变思维观念，绕开这些理财误区，就能尽快地实现自己的财富目标。

理财是一件极其困难的事情！错

“哦，天啊！在各种形势不明朗的状况下，我该如何去选定投资项目呢？再说了，本身就对那些枯燥机械的数字感到心烦，现在还要拿它来当做自己的理财工具，计算各种理财方式的得失，哦……想想都觉得头大，这些烦锁的事情还是交给老公来做吧！”

当乔蒂将自己的全部资产拿出来“经营”的时候，她却着急了，在她的意识之中，理财是一件令她非常头痛的事情。的确，如何去打理自己的财产是一件让人犯难的事情，再加上自己又不太了解理财的具体操作步骤，对于这个陌生领域的烦琐数字我们确实没有什么好感，心里排斥也是无可厚非的。但是，你必须要尽快地将你的这种懒惰的想法从你的脑子里清除掉。你的财产终究是要靠你自己打理的，如果你轻易地将它交到了你老公

的手中，最后能属于你的还会有多少，恐怕连你自已都没底吧！

其实，理财并不是你想得那么可怕与困难，它不过是要你对自已的财产做一个合理的安排，又并不是让你想炸了脑袋去计算原子弹爆炸和运载火箭升空的公式。而且，相对于男人来说，在理财方面女人还有自身的优势呢！

首先，要知道，女人是十分善于精打细算的。女人的心思生来就比男人细腻，很容易从生活的各个方面发现省钱的契机：买东西会货比三家，会去选择性价比比较高的商品；此外，女人有砍价的本领，可以节省不少钱；大多数女人虽然对数字不敏感，但是在计算钱的时候，却十分精明，每一分钱都算得十分清楚。这些都是女人理财的天赋，那些那些粗枝大叶的男士们则根本与他们没法比。

其次，此外，女人在投资的时候也是极为谨慎的。她们在没瞅准机会或是在没有十足把握的情况下，是不会乱投资的。很多人可能认为她们比较胆小，会觉得她们这样过于谨慎是不可能赚到大钱的，但事实却并非如此。在投资领域，很多时候都是需要小心谨慎的，这样可以大大地降低风险，在无形之中就节省了投资成本。

其实，常买股票的人可能都清楚，每次股票的买进与卖出都多少会带来投资收益的损失，如果投资者交易太频繁的话，就会提高交易成本，进而影响投资收益。从这一方面来说，女性投资股票会获得更多的收益。

再者，女人比男性是更有耐性的。男性大多都比较浮躁，女人则更有耐心，因此，在投资方面，女人会比男人更能沉得住气，她们没做好各方面调查的情况下，是不会贸然做出改变的。

调查显示：女性理财获得的收益往往要比男性要高，其原因就是在做出选择后不会轻易去改变。她们很容易做“长线”交易，只有“放长线”才能“钓到大鱼”。

最后，女人的“直觉”很灵敏。在很多时候，女人的“直觉”是十分“可怕”的，根据“直觉”往往能做出正确的决定。是什么原因会让她们有这样的超能力呢？关于此，她们自己可能都说不清楚。反正只要跟着"直觉"做投资就能够赚到钱，这是男人都望尘莫及的。其实，她们的直觉当然也不是完全没有任何根据的，因为她们天生敏感，所以思维就会更加灵敏，再加上她们天生具有非凡的观察力，在事情还没发生之前，就能够捕捉到事物变化的气息，在这种情况下做出来的决定自然能够先发制人了。

综上所述，女人在理财方面的优势是很多的，而且这些也都是男人们无法超越的。所以，才女们也完全没有理由将自己或家庭的财政大权都完全交到男人手中，因为你自己本身就是一把理财好手，只要对自己充满信心，你就会发现，理财不完全是男人的事。这时可能会有人说，女人天生是有理财天赋，但是具体怎么去操作呢？我们不妨听听理财高手俊恩是怎么做的吧！

"我在理财的道路上也走了许多弯路，但是只要你不断摸索，总能找到适合自己的理财方法，到那个时候，你就会觉得理财真的是再简单不过的事情了。理财因人而异，但是也是有规律的，对于新手理财，我认为最重要的是要做好三步：

第一步，先从清点与预算开始，清点是要知道自己的家底，预算的目的是为了让自己的理财更有方向。

第二步，寻找适合自己的理财工具，根据自身的财务状况，选择合适的理财工具。

第三步，要有规划。对自身的财务状况要有十分清晰的规划。

当然了，作为一个家庭小主妇，要想理好财，持好家，学习一定的理财知识也是十分必要的，只要勤于学习，细心斟酌，善于算计，是完全有可能理好自己的财富的……"

俊恩就此具体提了三点理财建议，才女们可根据自身的情况参考。但

是，对于理财的具体操作步骤，还是要结合俊恩的建议，详细地说明一下，使才女们在自己的理财道路上能够畅通无阻。

第一步，清点你的财产。在理财之前，首先要搞清楚你当前的财产状况与未来的预期收入，只有彻底地弄明白自己究竟有多少财可以去理的情况下，你的理财之路才不会毫无头绪，这是任何一个人理财的大前提。

第二，要有自己的理财目的。理财前一定要弄清楚自己的理财目的是什么，这样才能让自己从时间、数额与完成步骤上制订出具体的计划和合理的安排，才能让自己的理财计划有步骤地实施。

第三，找到适合自己的理财类型。在理财之前，一定要搞清楚自己所能承受的风险，对各种理财类型的驾驭能力。了解这些后，才能根据自身的情况为自己选择合适的理财类型，才能更好的操纵自己的财富。

第四，对自己的现有资产做充分的战略性分析。理财更重要的一步就是合理地安排好自己的现有资产。根据理财目标，明确哪些钱是用来做什么的，要事先规划好。如果做投资的话，最好用自己的“闲钱”，要保证自己的生活不受影响。对于才女来说，“今天拆西墙，明天补东墙”的事情还是不做为好。

如果你觉得这些方法太过简略与概括，操作性不太强的话，没有关系，后面的内容中我们还会具体涉及与更为详细的分析。这里就是要告诉你，理财真的并不难，每一位有“才”的女性都有能力成为理财高手的，只要你勇于去尝试。

没“财”无须理财！错

“怎么又没钱了？你这个‘月光女神’做得可真够凄惨的，你真应该学学怎么去理财了!”

“理财？我根本就没‘财’，拿什么去‘理’呀！毕业已经两年多了，月收入4000多元，也不算少，但是每月吃饭、租房、买衣服乱七八糟下来，月月库存为零。唉……我空有一肚子理财理论，但是奈何巧妇难为无米之炊，我没什么财可以去理的!”

……

柏丝总是这样应对朋友对自己处境的调侃。毕业两年，收入也不算少，但是每月七零八散的花费下来，就变成了标准的“月光女神”。经济学毕业的她也曾想去理财，但是，自己根本没“财”，拿什么去“理”呢？是的，这是大多数人的想法，认为没“财”就不必去理“财”了。

错！没财更需要去理财。其实，理财绝对不是有“财”人的专利，理财是每个人都必须要做的事情。其原因很简单，不管是挣钱还是花钱，我们几乎每天都要与钱打交道，只要与钱打交道，我们就有责任对它做好最基本的管理。否则的话，将会给你带来相当严重的后果，“月光女神”与“欠债小负婆”的泛滥就是最好的明证。

对于都市高薪才女来说，如果你不懂得理财或者不主动地理财，即便你再有钱，也会被你败光的，因为你的收入是相对固定的，如果没有一个合理的分配就很难再保证收支平衡，只出不进，即使你有万贯家财也有被花光的时候。

16岁的英国女孩考利·罗杰斯在2003年的时候，非常幸运地中了190万英镑（约307万美元）的彩票大奖。这是一笔巨额的财产，但是她仅用了6年不到的时间就将这一巨款挥霍一空，面临破产的境地，这当然与她的无计划消费有着极大的关系。

得到那笔大奖后，考利·罗杰斯先是花掉55万英镑购买并装修了4套房子；接着，又将20万英镑花费在度假上；26. 5万英镑用于购买豪华汽车和借给家人；45 万英镑用于购买名牌衣服、开 party 及做隆胸手术；7 万英镑支付各种法律费用；单是她给她的几任男朋友买礼物的花费就将近 1 9 万英镑……

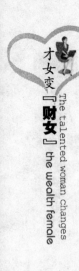

这些花费林林总总的加起来，这位才刚 20 出头的小姑娘不到 6 年的时间就已经千金散尽了。如今，她也不得不再卖掉房子，依靠每天做 3 份工来维持生计。一夜之间拥有 190 万英镑的人，6 年后却落得如此下场，实在令人可悲可叹。试想：如果当初她在得到这笔巨款后能对其做好合理的规划，她也不会落到那么凄惨的境地了。

由此可见，有钱的人如果不理财，就算有一座金山也会被败光。那么没钱的人呢？当然更是如此！以你相对微薄的收入，你凭什么就认为你自己的财产流失的速度就会比有钱人慢呢？

没有理财意识的你就算现在还没有到节衣缩食的地步，也不会让自己手中的“余粮”成为财富增长的基金的。当你看到身边的同龄人买房、买黄金、买股票、买基金、买保险，没财可理的你难道不应该去好好地反省一下，为什么唯独自己什么都“买不起”？真的是因为你的收入比别人少吗？其实不然，你“买不起”是因为你对理财不够重视，你的收入在你的手中留不住，这都根源于你对理财存在着许多思想上的误区。

误区一：将自己的短期收入看成是自己一辈子的高收入，静止地认为自己一辈子都会保持这种状态。这是极其错误的看法。你现在的“月光”生活过得是十分潇洒，但是你有没有想过，这样潇洒的日子能够持续几年？你现在还十分年轻，正处于人生财富的增长期，还没有什么社会负担，但是当你步入中年、老年以后，你不一定还有这样的收入，还是没有任何负担。现在不去理财，等到真正没有收入，没有积蓄的时候，那可能就真的是无财可理了。

误区二：好高骛远，只是一味地幻想自己以后的收入会有多高、能赚多少，而对眼下相对微薄的收入视而不见，胡乱消费，好像非要等到以后赚到更多的钱才要去关心它的去向一样。这些人常说的话就是：“等我有了钱……”还是别那么幼稚了，钱不是“等”来的，是一点一滴地“理”出来的。

误区三：理财只是有钱人的事情。这是十分典型的理财误区。这一点我们已经说过，相对于那些有钱人，“没钱”的我们在教育、医疗、住房、养老等各个方面都面临着更大的压力，更需要通过正确的理财手段使自己手中的一点点财富不断增值。

通过以上分析，你现在正在哪个误区里面打转呢？你的这些认识误区是否让你错失了许多财富增长的大好机会呢？如果是的话，那么就从这一刻更新自己的思想观念，重新审视一下自己对财富的认识，开始正确地理财。

都市才女们要清楚，自己在人生的不同阶段都有着不同的追求与需求，而这些众多的追求与需要不可能一下子全部都实现。这就需要我们有一个统一的规划与部署，根据轻重缓急分段逐个击破。毫无疑问，理财就是这种规划和部署。没钱的你，更需要通过这一手段将自己的追求与需要变成现实，记住一句话：“没财更需要理财！”

理财稳妥就好，收益不重要！错

“理财还是讲求稳妥的方式吧，存银行是最保险的方式了，其他投资方式的收益固然好，但是稍有不慎就要赔进去，还是不要轻易投资为好！”

老公要进行激进型的投资，而李璇却坚决反对，她自认为其他的投资方式太冒险，稍不慎就有可能要赔钱，认为存银行是最好的方式。如李璇一样，只顾稳妥，不顾收益，是许多女性在理财过程中存在的一个误区。

由于受传统观念的影响，大多数女性都不喜欢冒险，她们的理财渠道多为银行储蓄。从这样的投资习惯中，可看出女性寻求资金的安全感，但是她们却忽略了“通货膨胀”这个无形杀手。在一定时期内，通货膨胀不仅可能将利息吃掉，有时候可能连老本都保不住。

的确，在诸多投资理财方式中，储蓄和保险风险最小、收益最稳定。但是，一旦遇到通货膨胀，存在银行的家庭资产还会在无形中“缩水”。存在银行里的钱永远只是存折上显示的一个空洞的数字，它既没有股票的投资功能又缺乏保险的保障功能。思想观念的陈旧以及个人和家庭理财方式的滞后，是导致财富匮乏与生活水平降低的主要因素。

今年34岁的李雪看着周围的同学一个个都脱贫致富，过上了幸福生活，自己的日子却仍然处于紧巴巴的状态，对此她也十分困惑。

在当年，李雪也算得上是班上的佼佼者，在同学当中是出类拔萃的。毕业以后，她和大家一样顺利地找到了一份好工作。在中国传统家庭里长大的李雪一切都显得中规中矩，按部就班。工作3年后，李雪结了婚，婚礼也量入为出，办得普普通通。婚后的日子，李雪更是勤俭持家、省吃俭用，恨不得一分钱掰成两半花，每个月薪水一下来，就把薪水分成两份，一份留做家用，供日常开销，另一份存进银行赚取利息。年复一年，李女士发现，户头上的数字是增加了，但她的生活水平却是一降再降。

更让她想不通的是，几个同班的姐妹每月的薪水还没自己的多，平时也没有像自己那样节衣缩食，日子却过得比她轻松，手头也比自己阔绰得多。后来，才知道这些同学都热衷于激进型的投资，而她却总认为自己不擅长进行烦琐的经济数据分析，因此迟迟都没有迈出投资的第一步。

李雪只是众多案例中最为普通和常见的一例。在现实生活中，如李雪这样的才女不在少数，她们由于对投资数据、繁杂的投资分析与总体经济走势没有太多的兴趣，而且她们也不认为自己有这个能力可以做好这些事情，总认为投资是一件很难的事情，远非自己的能力所能及的，所以迟迟不敢去冒险，最终只能过清苦的日子。

小凤和小燕是一对孪生姐妹，同一天出生，同一天上学，同一天工作，拿差不多相同的工资。

小凤每月都把不多的钱存上一点，并做了一些相应的投资，她的投资基本能保持10%的年回报率。直到30岁结婚后，辞职开始全身心打理小家庭。10年间张小凤每年投资2000元，总共投入了2万元，以后没有继续投资。到她65岁的时候，她的财产已经达到了87万元。

而小燕却没有像小凤那样从一开始就投资，而是把省吃俭用的钱存到银行，同样的，她每年也往银行存2万元，也存了10年。因为利率降低以及通货膨胀等因素，到她65岁的时候，她的财富仅有30万元。

小燕和小凤投资的本金、时间完全相同，唯一不同的是她们的收入相差近60万元。毫无疑问，小燕过于保守是她少赚钱的最重要的原因。通过比较，那些在理财中只顾稳妥、不顾收益的才女们应该清醒了吧。为了使自己尽早成为“财女”，还是丢掉这种错误的理财方式，树立正确的理财观念，并在理财过程中，通过购买开放式基金、炒汇、买各种债券等手段，最大限度地增加家庭的收益。只要掌握了科学的方法再加上小心谨慎，你的“求稳”目的是完全可以实现的，既稳又有较多的收益，何乐而不为呢？

在一个家庭中，理财方式的选择将成为决定家庭贫富差距的最关键因素，所以，才女们除了要树立正确的理财观念外，在理财的过程中，还要力求达到以下目的：

一是在考虑降低投资风险的前提下，增加收入；

二是在不影响生活品质的前提下，尽量减少不必要的支出；

三是可以提高个人或家庭的现有生活水平；

四是可以储备未来的养老所需资金。

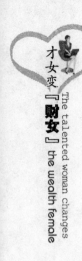

在这四个目标的基础上，进行科学的理财，在增强风险防范意识的基础上，更新投资渠道，增大收益。

会员卡购物能省钱！错

“我刚刚办了一张达芙妮品牌鞋店的会员卡，每次买鞋可以享受7折优惠，真是太划算了呀！你也去办一张吧！”

“是吗？在哪里能办到？确实是挺实惠的！”

……

刚拿到会员卡的彩凤兴高采烈地力荐她的朋友李楠也去办一张。7折优惠，确实太实惠了，如果不办的话，好像自己是吃了亏似的，所以，抱着“办张购物卡能省钱”的心理，众多才女们都会毫不犹豫、争先恐后地去拥有它。

无可否认，在最近几年中，“会员”消费已经成为一种消费时尚，它涵盖了众多商业服务领域，从健身俱乐部、购物、吃饭到洗衣、洗车等服务，人们在消费的过程中使用各种打折卡、积分卡、VIP卡、储值卡等各种会员卡，纵然是可以享受到不同程度的折扣优惠，也极大地方便了人们的交易行为。但是，各种类会员卡能给自己带来真正的实惠吗？其实也未必，在生活中，许多才女钱包里存有一大堆的会员卡，但是真正能用到的却很少，因为打折商品着实太贵了。但是一旦用到的时候，又会觉得自己完全是上了商家的当了。

张霞在前段时间到鞋店买鞋的时候，得到了商店附赠的一张会员卡，拿到这张会员卡不仅可以享受打折优惠，还可以享受积分送礼等优惠活动。

张霞是这个牌子的忠实粉丝，她想有了这张VIP卡以后，买鞋子可以便宜不少，同时还可以积分换礼品，这着实让她开心了一回。但是，当她静下心来看过会员章程，才发现这张卡如鸡肋般食之无味，弃之可惜。持卡消费，正价商品享受8．8折优惠，特卖或特价商品不享受优惠。对于动辄上千元的鞋子，张霞根本就买不起，更谈不上享受优惠了。

有一次张霞又到鞋店闲逛，发现商家正在搞买一赠一活动，只要买一双价值1000元的鞋子，就可以凭积分，送一双鞋子。张霞着实心动了，她为了得到赠品，一次性就购买了一双1300多元的鞋子。可是，等到她积够了分拿到礼品的时候，她却后悔了。因为赠送的这双鞋子其实在市场上也就几十块钱。可就是为了这个小小的“优惠”，她竟然投入这么多钱购买了一双自己根本穿不到的鞋子，穿不到，最后还得去找地方安置它，着实有一种上当的感觉！

相信有很多女性都有和张霞同样的经历，持有会员卡却消费不起，如果真正消费了，又觉得十分不划算。有时候还会为了积分，为了返利，去买那些不必要的商品，本来想节省，最后却浪费了。所以，那些持有众多会员卡的才女们在购物的时候，一定要树立有用、适用、常用的理念，不需要的坚决不买，免得既占用了资金，又要找地方安置。要知道，羊毛是出在羊身上的，很多商家如此“促销”只是为了赚得更多的利润而已。

此外，虽然会员卡在一定程度上给消费者带来了一些方便和优惠，但也被一些不良商家所利用，成为骗取钱财的手段。一些商家以十分诱人的条件诱惑你花上很多钱来办卡，可事后要么服务打了折扣，要么干脆人去楼空，让你的会员卡变成废纸一张，给消费者带来金钱上的损失。

李媛去年在某干洗店办理了一张会员卡。在今年9月份去消费的时候，却发现那家干洗店已经人去楼空。门前不大的黄纸上用很细的字写着“本店因要搬迁，请顾客于9月10日至12日取衣退款，过期本店视为放弃”的字样，也没留下新地址和电话。据李媛讲，当初为了方便，她办了一张300元的会员卡，可以享受7折优惠。现在卡里还有200多元没有消费。据她了解，与她有相同遭遇的有几十人之多，并且有的顾客的衣服也被卷走了。

其实生活中，像有李媛这样遭遇的人，不在少数。还有的人在办理预存钱的会员卡时不注意该店的营业资质，口碑信誉，等到再次消费时发现已经更名易主，手中的卡已经不被承认，分文不值。

可见，会员卡在给人们的生活带来实惠的时候，由于商家的经营状况参差不齐，也带来了一定的风险，一旦企业倒闭，消费者将无处讨要自己卡内的余款，维权也很困难。这就需要在办卡的时候十分小心。女性消费者要知道并不是所有的会员卡都能给你的生活带来实惠。

有退休金就不用愁了！ 错

“唉呀，搞那么多投资干吗，单位不是有养老退休金了吗？而且到年老的时候生活那么简单，每月的生活费也不会像现在这么多，养老金足够用了，所以根本用不着为未来担心！”

老公想搞些投资增加一些家庭收入，但是春丽却总认为自己当前的生活很惬意，而且到年老了，单位都有养老金，再加上老年生活简单，根本用不着为未来担忧。春丽对她当前的生活固然很知足，而且年老时生活花费固然会减少许多，但有一个问题她没有考虑到，那就是年老的时候医疗保健等投入要相应地增加许多。

国外一个机构专门为一个人年老的养老标准算过一笔账：一个普通人如果按照从60岁退休，活到80岁的标准计算，退休后的生活还有20年。如果要维持中国白领那样的生活标准去“安度晚年”的话，大概需要300万元。

有位专业理财师经过计算还得出：如果不做任何投资的话，15年就会把这300万元吃光。理财师指出，目前中国物价平稳，通货膨胀率为1%，但是根据2006~2015年经济发展报告预测，2015年中国的通货膨胀率将达到3%的水平。按此推算，那时的300万元相当于目前约170万元的购买水平。如果说你的家庭每月需要支出1万元才能维持现有的生活水平，300万元也只能支撑17年，这还不包括随时可能发生的需要应急的支出，比如重病、车祸等各种意外状况。仅仅考虑通货膨胀这一个因素，养老所需要的钱就是一笔大数目，而你的退休金账户能够提供养老所需要的金钱吗？

有人做过计算，在我国社保体系比较发达的地区，按照目前的养老金提取比例，在未来社会平均工资稳定上升的前提下，个人收入越高，到退休时，养老金达到退休前收入的比例越低。一般而言，社会保障体系只能提供最基本的生活保障，退休金收入只能达到退休前工资收入的三分之一左右，对于高收入人士，这一比例还要降低。也就是说，当前收入越高的人士，到年老时的养老金可能越不够用。

看到这些调查所得的数据，才女们是否有危机意识了呢？不要认为年老了，完全指靠自己的养老金，经济发展这么快，到年老的时候，你的养老金真的可能就连你的基本生活也维持不了了。还是从现在开始尽快为你的未来准备一下吧，千万别只顾现在享受，不懂得去理财，到年老的时候却落到悲惨的境地。

36岁的徐芳现在是一家大型企业的部门主管，税后收入有1万多元，每月除去各种开销大约可以节余5000元，这样她到退休时就可以存下100多万元。但是，她现在已经开始担心自己的养老问题，因为她经常听到那些退休了的老上司抱怨说：“单靠退休金只能够吃饭，以往的储蓄都不敢乱动，生怕生活中出现什么意外，没有钱来应急。早知道退休后的日子如此紧张，还不如在年轻的时候就为自己的退休做好准备。”老上司的抱怨让徐芳也开始对自己退休后的生活担心起来。

徐芳退休后每月有1000多元的退休金，但是她觉得还不够，就按照同事的建议买了养老保险。现在，她已经开始理财。她从自己的积蓄中拿出一部分买了另外一套房子。她说这套房子就是为了养老买的，因为老了以后可能就不敢动用储蓄，所以现在就必须提高投资回报率。她说，房屋是实物资产，可以规避通货膨胀的风险。房价虽然会有波动，但是从长远看，土地资源越来越稀缺，房产价值的总趋势还是上升的。另外，她还通过咨询个人理财师，对现有的储蓄进行了合理的投资组合。

最终的养老金数据表明，徐芳的决策是英明的，她的投资组合回报率为20%。以这样的速度发展，到年老的时候，她就不用为退休金不足而担心了。对于那些到现在还抱着依靠退休金安度晚年的念头的才女，应该就此打住了，应该及早地向徐芳学习了，在认识到问题的严重性之后，马上采取相应的理财措施，为自己的养老做好长远的打算。因为随着我国独生子女政策以及国民人均预期寿命的延长，未来几十年内，就业人口所占总人口的比例将不断减少，这将导致政府能够提供的养老财务支撑能力下降，而支取退休金的人口比例将上升。

也许有的才女还会说：“养儿防老，我不指望社会退休金，我还有子女呢。”持有这种思想的才女也是十分可笑的，因为这是十分不现实的事情。在未来，你的子女可能不仅要照管四位老人，还要照顾自己的子女，他们的生活压力也很大，所以对父母所能提供的帮助也是有限的。

因此，如果你现在还没有为自己的退休养老计划，手里还没有一笔丰厚的养老基金来维持富足的晚年生活，那么你就应该马上行动起来，未雨绸缪，为自己退休后的生活做好充分的准备。

魔鬼省钱法 幸福一辈子 Part 5

要创富，不仅仅要会赚钱，会存钱，还要会省钱，因为省下的钱就等于是你赚到的。但省钱不仅仅是让才女们如何去节省钱，还要学会如何去花钱。能省钱，会花钱的女人才能切实地感受到生活的乐趣，更能感受到赚钱是一件有意义的事情。

第十三章 会花钱，不“败金”

要省钱首先就要“会花钱”，聪明的才女懂得花最少的钱让自己获得最大的收益。在不放弃生活享受的前提下，在不降低生活质量的前提高，会花钱的才女能用最少的钱获得更多的享受。她们会理智、聪明地将每一分钱都花在刀刃上。“有钱，但不意味着可以奢侈”是她们的心态，“只选对的，不买贵的”是她们的原则。那些消费欠理智的才女们很有必要向她们多学习。

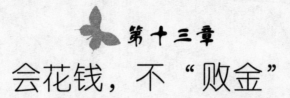

多动心思，会花钱

“我老公有自己的公司，养家根本靠不着我。我每个月6000多元的薪水，完全够花了，再也不用去动心思想着去怎么赚钱，想着怎么去省钱了！”

张梅炫耀似的对朋友们说道。不过，她的生活确实是惬意的，老公开自己的公司，自己也有那么高的薪水，不用为钱发愁，自然也不会动心思去想着怎么去省钱，怎么去赚钱了。但是，从深层次考虑，张梅的生活真的十分快乐，惬意吗？其实也未必。她只是有钱花，但是如果不动心思去实践花钱的艺术，也未必能真正体会到财富的意义。

俗话说“赚钱是种技术，花钱是门艺术”。赚钱多少决定着你的物质生活，而如何花钱则往往决定着你的精神生活。会花钱的女人更能从花钱中感受到生活的乐趣，从而更能感受到赚钱是一项有意义和快乐的事情。

上个月，毛娜搬新家时下了“血本”——家里的电灯、空调、洗衣机与抽水马桶等，她全部都买了节能型的产品。虽然买的时候，有些节能型产品在价格上比普通产品的价格高出不少，但是水与电都是日积月累的，一次性地投入一大笔资金却可以通过长期的使用来发挥它的省钱效应。毛娜发现，一个普通的40瓦白炽灯泡价格约为3元，而同样亮度的8瓦节能灯管虽然比它贵25元，但节能灯和同样亮度的白炽灯，按日照明6小时计，节能灯每年可节电70度，一年可以节约下近50元。虽然节省50元钱不算什么，但是它却让毛娜体会到自身的价值与赚钱的意义了！

女人能赚钱，并不说明她有品位、会生活，懂得人生的乐趣，评价女性的生活能力要看她怎么花钱，或者说怎么对待钱。女人应该知道怎么把钱花出去，应该知道如何经营好自己的家庭、经营好自己。毛娜从节能电器产品上去为家里节省电费开支，实在是动了心思，不过为节省动用心思，更能让她体会到赚钱的意义。在不放弃享受生活与不降低生活品质的前提下，花最少的钱，能让她体会到更多的快乐与愉悦。

会花钱的女人才算得上会生活的女人，而且她们通常有以下几方面过人之处。

其一，会花钱的女人很善于与人沟通、懂得别人心理，能让她买到更为称心如意的商品。同样的，她们还舍得花钱用于建立更为积极的人际关系，并且会选择最适宜、得体的形式，让对方有个好心情，给对方留下深刻的印象。这样的女人在工作中也会很注意处理好人际关系，从而建立起使双方受益、对工作有利而非庸俗、功利的人际关系。

其二，会花钱的女人都会砍价，她们明白砍价不是砍人，不会过分地让商家退步。在买完东西后，她们也不会再计较得失，这种计较不仅于事无补，而且影响心情。她们知道计较的本身往往比事实更能伤害自己。

其三，会花钱的女人也懂得开口提要求。而事实上，只有当你提出合理的要求时，对方才会给你机会，即便在一些不讲价的百货公司，也常常会给你赠品。

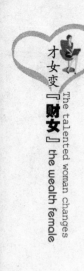

既然做一个会花钱的女人有如此多的过人之处，那么如何做一个会花钱的女人呢?

其一，在花钱时，要动动心思，对消费的先后顺序、消费的额度、消费与储蓄的合理比例等，进行认真的研究，并在研究的基础上制订出合理可行的消费计划，做到事前心中有数。然后还要收集各种市场信息，对物价行情做到了如指掌。

其二，花钱以需求为消费前提，立足在适用、耐用、实用上，不要为了赶时髦而相互攀比。因为社会经济发展太快了，各种商品更新换代的速度也非常惊人，买那些不实用的东西是在浪费自己的血汗钱。

其三，在购物时，还应该努力做到精打细算、货比三家，在买到货真价实的物品、享受优良服务的同时，还要争取消费得物美价廉、物超所值。

其四，会花钱的才女应该知道“差价如黄金”，同样是品质相同的商品，用高价购买和平价购买大不一样。她们既要知道货比三家，又要知道利用季节差去购物节省。

其五，在购买了物品后，如果出现了问题，会花钱的才女还应该懂得维权，去找商家退换索赔，必要时还要对簿公堂；同时应该总结经验，避免再犯同样的错误。

会花钱的才女会将每一分钱都用在刀刃上，将生活中的每一处细节都利用得恰到好处。“我有钱，但不意味着可以奢侈”是她们的心态，“只买对的，不买贵的”是她们的原则，她们更能体会到生活的乐趣与财富的价值，如果你想让自己变得更有品位，更有价值，还是动一下心思去想想如何才能让自己的钱花得更有意义吧！

每分钱都花在刀刃上

“你的装修费怎么那么便宜？比我们的少了一万多块呢，而且看起来比我家装修的还要好呢？”

“呵呵，在网上联络网友一起买的装修材料，团购自然就便宜，大部分材料都是打6折！给装潢公司只是工夫费，花费下来自然就少了！”

每当别人问起自己的新房装修价格，辰雨都颇为得意。同事们装修都是将一切包给装潢公司，而自己却是通过团购亲自买的材料，这样下来自然就少了不少钱。辰雨的原则就是要用1元钱花出10元钱的价值来，将每分钱都用在刀刃上，这可不是每个才女都会的哦！

“花最少的钱，获得更多的享受”这正是那些深谙花钱之道的才女们的过人之处，也是花钱的学问。也许大多数才女都不懂得，但是没关系，只要你肯发挥你的聪明才智，勤于抓住生活中的细节，你也是可以做到的。当然了，你也可以向下面的几位聪明才女学习花钱之道。

（1）智慧用卡，轻松应对银行收费时代。

到年末的时候，王琳拿着家里一堆的银行卡到银行去查账，想了解一下家庭的年度收支状况，但是她发现有几张长期没用过的卡因为没有注销，每张卡都白白地被扣去10元钱。

于是，细心的王琳就回到家中将家里的银行卡进行了“大扫除”，而且也制订出了详细的家庭用卡计划：一户（一个存款账户）、一借记卡、一贷记卡（信用卡）。王琳注意到工行与建行都鼓励用户将一些平日里停用或者根本不用的借记卡进行销卡，同时强调存折仍然可以继续使用。查到自己家里又有很多工行和建行的卡，她就着手把家里的大额存款全部都存到一个账户上面。由于账户不经常使用，也不用到提款机上取现，所以，只需软卡即可。其他的借记卡则都可以拿去注销，这样算下来，省下来不少年费支出呢！

王琳通过一次银行卡“大扫除”为家庭减少了一些不必要的支出，虽然没有多少钱，但是做法是明智的，大财富都是小财富积累出来的。才女们可以搜查一下自己有多少张卡了吧，如果你发现有些卡很久都没有用过的话，或者根本用不到的话，就赶快去银行注销吧。

（2）只买对的，不买贵的。

薛雨现在用的是一款老掉牙的诺基亚手机，而且她经常因为这个“老古董”而成为同事朋友们嘲笑的对象。但是，她自己倒也振振有辞：手机就是用来打电话、发短信的。有那么多功能，有多少是经常使用的呢？没必要花冤枉钱去换那些华而不实的东西！

现代许多商品都有很多功能，但并非功能越多就越好，选择一款适合自己的是最重要的。比如许多才女在买彩电时经常会被那五花八门的功能弄得晕头转向，但是这些功能常常都是华而不实，如果放弃这些功能，购买相同尺寸、相同显示效果的电视机，起码可以少花1000元。

（3）尽早避免创业风险。

贺丽一直都想开一家美容店，但是没有经验的她不知道怎么开才能赚到钱。她就开始向周围的朋友咨询，然而她感觉求人不如求己，于是她的调查行动就开始了。她将自己1年的美容费用4000元存在一张卡里，开始了她的市场暗访活动。这家美容院生意不错，她就想进去试试，和美容师又是聊天又是打电话。她第三次来时，对这家店的情况她已经知晓了80%。接下来，她又换另一家，档次高的与档次低的，3个月的时间她暗访了10来家，她对广州的美容市场基本已了如指掌，店开在哪里好，美容师请什么样的好，等等，她都十分清楚。4000元只花了2000元，剩下的2000元，她用来请她认识的美容师吃饭、喝茶，最后，几位美容师都愿意助她开店，没有伤什么和气，没有坏什么圈里的规矩，没有花一分钱去做广告，贺丽就将店成功地办起来了。她认真听取美容师的建议，满足了不同顾客的需求，一开张就赚到了不少钱。

花出去1块钱，可以挣回来100元，贺丽就是这样做到的。创业前实地考察和获得圈内的关系网是非常重要的，贺丽有效地利用4000元钱就获得了重要的关系网，为自己创业成功铺好了道路，最终取得了创业的成功，这是才女们值得学习的。

通过以上的几则事例，才女们应该掌握了不少花钱技巧吧！现在你也可以开动你的脑筋，多想想怎么才能让自己的钱花出更多的价值来吧！

理智消费变“财”女

“我会觉得太划算了，因为过了今天，就不再有赠品了，商品却还是这个价格，免费送的赠品不要，太可惜了……”

对商场“买一赠一”的活动，才女们经常会发出这样的议论。是啊，价格没有变，可是却免费送礼品，这样的机会谁愿意错过呢？更何况那个赠品也确实十分诱人，不买可能真的要吃亏了。于是就拿出钱包，狠狠地再消费一笔，非得占到这么大的便宜才肯罢休。买回去之后才发现这些商

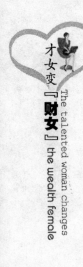

品自己根本用不到，着实是浪费了钱财。这是一种不理智的消费现象，经常在那些理财意识淡薄的才女身上发生。

随着高收入才女队伍的不断壮大，收入水平的不断提高，女性的消费能力越来越强，但是，很多才女的消费都受感性的支配，消费的时候容易失去理智：花几百元买那些自己穿不上几次的衣服；一看到商场中的打折、赠送活动便会迈不动脚步；看到别人有了，我也要去买……为了追求享受，为了贪图便宜，为了挽回所谓的面子，造成了极大的浪费，也将自己的经济带入了崩溃的边缘，这无疑是不明智的做法。

而聪明的财女是不会在感情的驱使下去胡乱消费的，不会凭一时冲动去买自己根本用不到的东西，也不会轻易就掉进商家所设的消费“陷阱”之中，她们总能够理性地支配自己手中的每一分钱，永远不去浪费。是的，消费如果不理智，怎么可能让自己尽早地走上财富之路呢？为了尽早地让自己成为“财女”，还是尽快地让自己理智起来，丢掉消费的坏习惯吧，因为这是你踏上财富之路的第一步。

刚毕业的时候，林聪是个标准的“花洒”，花起钱来大手大脚，穿衣只穿名牌，化妆品只买贵的，一到商场就像发了疯似的胡乱采购，从不讲求实用，毕业两年多了，在收入不高的情况下，她几乎是月月光，没有一点儿积蓄。看到与自己同时毕业的同学都开始自己的创业规划了，而自己还是两手空空，一无所有，她的心情也极其低落。

于是，她开始自省自己两年薪水的去向。看到家里衣柜里几近发霉的名牌衣服，梳妆台上堆得到处都是的瓶瓶罐罐，她顿时明白了。后来，在朋友的建议下，她给自己制订了严格的月支出计划，恪守“量入为出、少花多存”的消费方式。每当看到自己喜欢的衣服，她事先就会考虑到自己的月预算中是否有这项支出，有时候即便买下了，只要挤占挪用了另外项目的资金，最终她还会从别的地方将之省出来。就这样，3 年过去了，她的储蓄卡上有了一个大的数字，她就辞了职，利用自己的所学所长，与同学合开了一家时装店。

林聪在认识到冲动消费所带来的危害后，便及早地改正了消费坏习惯，用制订月支出计划的方法去克制自己的冲动消费，恪守“量入为出、少花多存”的消费方式，最终走上了创业之路，迈出了财富道路上决定性的一步。看了林聪的经历，才女是否决定也要克制自己的消费欲望，向创富之路迈进呢？如果是这样，那么就从现在开始遵循理智消费之道吧！

其一，避免盲从，消费要从实际需求出发。

盲目是造成才女不合理消费的一个重要原因，所以，在消费中，才女们从个人的实际需求出发，理智地选购自己真正所需的物品。同时在消费时也要保持冷静，不要因为心血来潮去选择并不适合自己的商品。

其二，量入为出，一切消费遵循月预算支出表。

根据每月收入，合理规划消费预算支出表，并严格按照预算表执行。即便偶尔克制不住自己，也要从其他费用中将这项消费省出来，不能影响到自己的储蓄计划与投资计划。

其三，保护环境，绿色消费。

绿色消费是以保护自身健康与节约资源为主旨，符合自身健康与环境保护标准的各种消费行为的总称。这就要求才女们要从自身的健康与自然和谐的角度去消费，即为：节约资源、减少污染；环保选购、重复利用；分类回收、循环再生；保护自然，万物共存等，让自己做个绿色消费者。

才女们在日常消费过程中，如果能遵循以上3个理智消费的原则，那么，你的就离“财女”之路不远了。

讨价还价有窍门

"老板，这衣服怎么卖?"

"150 元。"

"80 元怎么样?"

"连本钱都不够!"

"哦，那就算了吧!"

……

赵丽放下衣服刚出门没多远，老板就将她叫了回来，80 元成交。赵丽想，幸亏当时出去了，不然再停在那里和老板商量，就真亏大发了。与商家讨价是每个才女都要遇到的问题，讨下来的就是自己的，如果不会讨价或者不去讨价，就是白白地将钱送给商家了，那么你就真亏大发了。

其实，除了专卖店与特价商品专店外，其他大多数商场都是可以讨价的，在那些能讨价的商铺，商家往往会故意将商品的价格提高好几倍，让那些不会讨价的人上圈套，从而从中获取巨额的利润。

赵敏跟朋友叙述了自己的购物经过："我在百货商场看上了一件特别漂亮的高档红色大衣，标价 888 元，款式挺新，但是从质量上看，我当时就觉得不值那么多钱。于是，就开始和售货员讨价，磨破了嘴皮，最后以 650 元的价格成交。当时已经很高兴了，一下子讨下去 200 多元呢。但是后来发生的事情却让我懵了!

"把衣服刚买回去的时候，天气还很暖和，不太适合穿，于是就先在家放了一周。到第二周，天气突然变冷，我喜洋洋地将新衣服穿上。刚到办公室，看到其他部门的小王也穿了一件和我的款式一模一样的紫色大衣，问及价格，才358元，她说这件衣服也是在那个百货商场买的，标价也是888元。我心中顿时不快起来，人家到底比我会讨价，讨下去那么多！而我的那近200元算是白扔给商家了！”

看到了吧，那件高档大衣的成本就是那么小，而商家却将之标出了“天价”，不太会讨价的赵敏一下子就白白砸进去了几百元。才女们是否会为此感到惊讶呢？是否会想到自己也因为不会讨价而白白扔掉大笔银子呢？如果不想类似的事情再次发生在你身上，还是抓紧时间学一点讨价之术吧！

讨价之术一：杀价要狠。

漫天要价是商场一些卖主欺骗有购买欲望的才女们的手法之一。他们开出的价要比底价高出几倍，甚至高出几十倍，因此，杀价狠是对付这种伎俩的要诀。才女们面对一件商品的时候，千万别以为它很实惠，很便宜，其实再实惠的商品它也不太值那么多钱，你杀价的时候一定要狠，这样才能避免上商家的当。

讨价之术二：不要暴露你的真实需要。

有些才女在挑选某种商品时，若是很中意，很可能会情不自禁地当着卖主的面对商品赞不绝口，这样很容易让卖主“乘虚而入”，趁机将你的心爱之物的价格提高好几倍。无论你后来如何“舌战”，最后还终将抵挡不住对商品的喜爱，上了商家的“钩”，待回家后就会后悔不迭。所以，才女们在购物的时候，一定要装出一副只是闲逛，买不买无所谓的样子，然后和商家讨价，如果讨不到想要的价，宁愿放弃，也不要轻易上“套”。

讨价之术三：尽量指出商品缺陷。

任何一件商品都不可能十全十美，卖主向你推销时，总是会只挑好的说，在这个时候，你就应该能够针锋相对地指出商品的不足之处，然后商家都会让步，以你满意的价格成交。

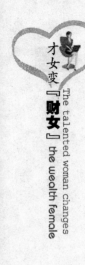

讨价之术四：巧妙运用疲劳战术和最后通牒。

在商场中挑选商品时，你事先可以让卖主为你挑选、比试，然后再提出自己能接受的价格来。如果这时候你出的价与卖主的开价相差甚远时，往往会感到十分尴尬。不卖给你吧，刚才已经为你忙了一通，不合算，在这样的情况下，卖主就很容易向你妥协。在这个时候，若卖主的开价还不能使你满意，你就可以利用最后通牒效应："我给的价已经不低了，我已经问过前几家都是这个价位！"说完立即转身就往外走，这种讨价还价的方式十分显著，这时候卖主就会冲着你大声喊："算了，回来吧，卖给你算了！"这时候，你的目的就达到了。

好了，掌握了这几种讨价之术，才女们就可以在购物的时候有效地利用它们去与商铺老板展开讨价"大战"了。当讨价成功后，你就会发现，它的确能为你节省不少钱呢！

教你血拼购物还能赚钱的妙招

"什么？今天又去'血拼'了？是不是这月的薪水又花光光了！"

"是呀，没办法，需要的东西太多了，而且商场中诱人的东西也太多了！"

生活中，我们经常听到这样的话语，晓兰看到晓丽大汗淋漓的样子，就知道，她准是拿钱去商场"血拼"了。提到"血拼"才女们可能并不陌生，其中的"拼"还真有点"拼命"的意味，着实也带着一份"惨烈"。其实，"血拼"是指英文"shopping"的音译，人们在逛街的时候会因买很多东西而花费很多的金钱，故人们形象地将此行为称作"血拼"，表示花钱后的心疼！“血拼”这个词形象、生动地显示了才女们为了得到自己的心头好而不惧阻挠、奋勇向前的英勇画面。

不过，拼归拼，但是得拼得有讲究、有成就，如果只是撑肥了衣橱、饿瘦了荷包，那就不好了。既然我们消费时提倡“省”的理念，那么，即使“血拼”也不能真的让自己买得惬意、拼得痛快就万事大吉了，回家之后看到自己瘪掉的钱袋，你敢说你从来没有心疼过？真正有头脑的才女即使“血拼”也拼得头头是道，而且买了东西还不花钱，甚至还能赚到钱。不相信吗？

伊铭是一位购物狂，遇到大型的购物节，只要手中有钱，她是绝不会放过的。

去年“十一”的时候，她与众同事一起出去逛街，恰逢北京某个大商场搞周年庆活动：商场推出满100返100，满3000送手机1部的大型店庆回馈活动。这可乐坏了伊铭了，如此好的机会怎么能错过？于是，聪明的她事先和一个同事一起到此商场“踩点儿”，算好了应该买哪些东西，返券之后怎么处理，然后再规划好谁去开票、谁来排队。在“分工合作、各司其职”的行动纲领下，坚决贯彻“精打细算、有条不紊”的购物理念。

事实证明，她们的行动相当成功，不仅购物顺利，而且还小赚了一笔。至于她们是怎么赚钱的，不妨来看看她们的具体实施方案吧。

购物清单：

风衣1件1126元，外套1件743元，衬衫2件共计718元，T恤2件532元，包包2个490元，女鞋2双845元，女靴1双839元，男鞋2双1326元，牛仔裤4条其中2条是450元/件另2条是800元/件（为同事代购）共计2500元。

合计花费9119元，累计返券9100元，共获赠手机3部。

返款清单：

返券收回4823元，将9100元的返券以53折卖给一位懒得排队拿返券

的同事，9100×53%=4823（元）。

手机收回4200元，以每部1400的价格出售给要买手机的同学，1400×3=4200（元）。

牛仔裤收回800元，因为其中两条是帮同事代购的，商场满100返100，相当于5折，所以还以5折给了同事。

合计返款金额9823元。

返款金额减去花费金额即：9823－159119=704（元）

再除去额外支出的打车费58元和吃饭费120元，两人还净赚526元。

买了那么多东西，不但一分钱没花，而且还有进账。不管进账多少，肯定是只赚不赔，花钱花到这个分儿上，这才是“血拼”界高手中的高手呢。

打折让你心动？名牌让你冲动？漂亮衣服让你走不动？统统没有关系，你完全可以让自己马上行动。下面就教你两招血拼购物还能赚钱的方法：

妙招一：动用你的脑筋，把账算好。

遇到商场打折、送礼品的活动时，你可以与朋友们合计好，哪些东西要买，买的东西享有什么折扣，这些折扣还有没有其他的用途……把所有要算计的都计算好了，即使不为赚钱，也要保证自己不亏本才是。一切准备就绪之后，你就可以放心大胆地马上行动了。

妙招二：帮别人代购。

如果自己掏钱去过“购物瘾”，实在有些太浪费了，因为许多商品并不是自己真正能用得到的。这时候，你可以帮那些没有时间逛街的朋友或者同事代购商品，让他们列一个商品购物单，你可以一样样地去商场购买。说不定，朋友或同事为了犒劳你，还会给你一些零用钱哦。这样不仅满足了你的购物欲望，而且也能赚到一些“小费“，何乐而不为呢？

有了上面的两个妙招，你就不用为“血拼”“大出血”了。只要肯动动你灵活的小脑袋，你一样可以让自己在支出为零的情况下，去购买大包小包的商品。

第十四章

“小钱”体验超值消费

赚钱不容易，花钱要慎重。在日常生活中，花“小钱”也是能够体验到超值消费的。网络购物即方便又便宜，做个“拼客”族既时尚又能省钱，便宜衣服同样可以搭出贵族气质，自制化妆品即好用又实惠……只要财女们肯动心思，节省出来的就是自己赚到的了。

网络时代，省钱妙招

“什么？在网上能买到如此便宜的商品吗？”

“当然了，现在大多数商家都在网上有商铺，开店的成本小，商品自然要比实际商场中的商品实惠了！”

张曼平时只是一天对着电脑聊天、闲逛、查资料、玩游戏，听朋友这样说，还真想不到网络还可以帮自己省钱呢！足不出户，还可以买到更为便宜的商品，既省了逛商场的路费钱，还能节省商品费用，同时还节省了时间和体力，这样想想，网络购物还真是实惠。

社会已经进入了E时代，订购特价机票，申请免费试用、试吃，下载电子优惠券，进行闲置物品交换，在实体店试好衣服再网购、代购，网络电话、视频聊天节省话费等，这些都是利用网络省钱的妙方，才女们为何

不去尝试一下呢？

网络省钱第一计：出行便捷——省时、省力又省钱。

“你怎么还在代售点购买全价机票？美女，你 Out 了！只要百度、Google 点一下‘特价机票’或‘打折机票’，你很容易就能搜索出数以万计的打折信息。先选择你的出行路线、时间和个人信息，然后点‘确定’，一张可以低至 2 折的特价电子机票就‘新鲜出炉’了。到时候只要带上你的身份证去找你要乘坐的航班就全搞定了——看，多省事儿呀！不过要注意的是，这种机票是不能退的，我们在购买之前一定要保证自己的出行计划不会受到干扰才行。当然，也可以查询转让的火车票、预约你想要入住的酒店、安排好你所有的行程，总之，方便快捷，省钱省心。”

听了张莲的话，才女们知道了原来在网上订购机票就是如此简单，既省时、省力又省钱，好不方便，对此还不知晓的才女，以后再购机票一定要在网上订噢！它确实能为你省出一大笔费用来！

网络省钱第二计：商家优惠怎能错过。

天下真的有免费的午餐吗？有的。在网上许多商家都会不定期地推出一些免费试吃的活动，如果你够积极，不妨关注一下这方面的内容，免费的午餐你就可以轻松地吃到了。

此外，有些生活用品的商家也会免费向顾客派发试用装的，尤其是化妆品类的产品，才女们可以通过填写个人资料，反馈使用信息，你就可以不花钱免费使用“大牌”化妆品了。当然，你这样做不单单是为了占点小便宜，只有试用得好才能决定是不是要购买整套产品，这也是对自己负责，避免不必要的浪费。

网络省钱第三计：可爱的电子优惠券。

在网上你可以搜索各种餐饮、休闲、娱乐等生活类电子优惠券，而且有的电子优惠券还可以通过电子邮箱订阅，如果你想玩好又想省钱不妨去申领一下吧。不过，在去之前不妨先看一下网友的评价，优惠是否实在，服务质量如何，性价比如何，需不需要额外消费……有备而来才能避免中途被“宰”的命运。

当然，你也不要忘了参与点评，这样做不仅是对各位网友负责，有的还能通过评论、发帖在网站获得虚拟货币或积分，用这些货币或积分也可以换购到自己想要的东西。

网络省钱第四计：闲置物品“换着”用。

对于那些购物狂才女来说，如果你家里堆积了大堆没用的东西，不如拿到网上去换你想要的东西吧。列出你的闲置物品清单，不论衣服、首饰、香水、杂志、图书、玩具、水壶……统统都可以拿来换。这些冲动之下买回来的东西或许对你也没有用，但是没准儿是其他姐妹的心头好，而其他姐妹那里没准儿也有你想要的东西，所以就拿来交换吧。出些邮资总比摆在那里落尘土要强。

网络省钱第五计：说不完的网购。

正如张曼的朋友所说，网上开店所需的成本要比实物店的成本要低，所以，商家为了拉拢更多的顾客，其商品的价格自然就会比实际商场要低。因此，才女们要省钱，还是到网上去买吧！它确实可以为你节省一大笔钱呢！

小玲在商场看上了一件876元的大衣，但是由于钱没带够，所以也没买！后来，她在网上看到与那件式样、颜色、布料一模一样的大衣，标价却只有596元，于是她就按照自己当时在店里试的尺码买下了它。这样一来，既不用出门，又节省了近300元！

同样的大衣，网上价与商场价竟然差了近300元，可不是一个小数目。对服装有特殊嗜好的才女们还是别去商场买了，到网上能为你节省一笔开支。这里要说一点，才女们在买服装的时候，要学学小玲，先到实体店参观，试好款式与尺码后再去网上买，这样能让你节约一大笔银子。

当然，姐妹们也要擦亮双眼，网购毕竟不像实体店，东西是看得到摸不着的，不能排除假货的干扰，所以在首次购买时一定要看好对方的信誉度和买家评价，否则花了冤枉钱不说，还得生一肚子气。

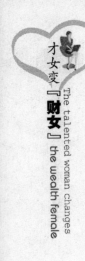

网购的另一种形式是找代购，对于一些国外品牌和昂贵商品，可以寻找外地或国外的代购来购买。因为有些地方的商品可能折扣更低，而在产地购买商品可以节省商品本身的关税费用，所以找代购也是一条网络“省”财之道。

网络省钱第六计：这样打电话更省钱。

谁说煲长途电话粥就一定是一种浪费，在接通宽带的情况下，你为什么还要拿着手机到处找信号呢？语音视频聊天让身处异地的朋友和家人之间的距离一下子缩短了，而且不用担心电话打得时间过长而停机，更重要的是，它确实可以为你节省一大笔电话费。

好啦，才女们了解了这么多网络省钱法，应该要去尝试一下了。网络强大的功能着实能为你节省很多日常开支，既要节俭又要质量的你，怎么可以放过这么多时尚的省钱方式呢？

做个时尚的“拼客”族

“搭你的车去上班，真既方便又实惠！早上再也不会因为挤不上公交车而迟到了！”

“哈哈，由你们和我一起分摊，我一个月也不用承担那么多的汽油钱了，节省了不少养车费！”

某小区传来一阵说笑声，她们是标准的“拼客”族。无车族搭乘有车族的车去上班，既方便又实惠。而有车族却因为搭乘方给自己分摊了不少汽油钱而节省了不少开支，真是两全其美！说到这儿，有些才女可能还不知道“拼客”是什么？“拼客”肯定不是指“拼命的剑客”。这里的“拼”是拼凑、拼合、拼接的意思，“客”代表人。“拼客”族是指为了一个目的而组合起来的群体。他们“拼”什么？拼吃、拼玩、拼卡、拼购、拼读、拼学、拼车、拼房、拼婚、拼衣服、拼旅行……总之，能拼的都要拼，不能拼的创造条件也要拼。拼的形式有千万种，但目的只有一个：“省钱＋尽兴”。究竟怎么个拼法，才能达到省钱和尽兴呢？

（1）拼吃。

“嘴馋想吃大餐，又怕价格太贵‘烫到’舌头？怎么办？”

“找人‘拼’啊！约几个朋友出来消费，但是，你要理直气壮地扛起‘AA 制’的大旗，可别不好意思啊！凑钱去吃一顿大餐，就不用害怕价格贵消费不起了！”

宜明和王曦就是这样拼吃的，找几个朋友过来一起凑钱去吃大餐，吃完了，要平分餐费。对于那些脸皮儿薄不愿意对熟人“下手”的才女也可以去网上发个帖子寻找那些跟你有共同嗜好的美女一起前往品尝美食，既能满足口舌之欲，又能认识新朋友，何乐而不为呢？

再说了，如果吃腻了盒饭、工作餐，又不想把一桌子菜浪费，那就去找同事“拼”，吃一桌子菜只需要付一道菜的钱，很合适吧？

（2）拼卡。

健身卡、游泳卡、美容卡、美发卡、购书卡，为了保证生活的品质，我们需要的卡还真不少，但是一不小心就被这些卡“卡”住了。所有这些卡可以说每一张都价格不菲，要全办下来你的工资恐怕还得是“白领”。所以不如大家合办一张就好，这样不仅什么卡都有了，而且还节约了自己的成本，姐妹们有需要的不妨找好友、同事一起“拼拼”看。

（3）拼购。

这是一种才女们熟悉的方式，就是去购物时，遇到合适的便宜商品，集体出去，或者通过砍价或者通过打折的方式，让商家多卖多送。最近，张宜与小区的阿姨们就经常用这种方式去购物，节省了不少钱呢。

“超市中有水果打6折，但是规定必须要买整箱才行。自己一个人买一箱实在是吃不完，于是就和小区里想买水果的张阿姨商量着，‘拼’一箱回家。当然啦，并不是每次都这么走运的。不过这种方式着实很好，大家一起去购物，买得多了不仅可以享受团购优惠，而且群体出行、集体砍价才是购物的乐趣所在。”

(4) 拼读。

不是“拼读拼音”，而是“拼读书籍”。

李香说：“家里时尚杂志堆了一大堆，闲置地放在那里又不能扔，但是又想去买新的回来，价格确实又太贵，所以就打电话找到志同道合的朋友一起去书城。大家一起买，轮流着看，有时候还将自己家里的书全部搬出来，交换着读。呵呵，所谓‘书非借不能读也’，这样也能更快地吸收想要的知识！此外，我们几个经常在一起拼书的朋友，也会交流读书的心得，不仅丰富了我们的知识，也增加了感情，十分划算！”

好了，听了李香的经历，才女们赶快行动，把与你有志同道合的朋友都聚在一起，开始你的“拼读”行动吧！

(5) 拼学。

既然读书都可以拼，那么学习也是一样的。听说过几个学生找一个家教在一起上课的吗？没错，如果你在某一方面觉得不足需要充电，不一定非得花费巨额的培训费，找人一起上课也不失为明智之举。当然也可以每人报不同的培训班，既能督促你为了对得起对方的信任而用心听课，又能互通有无，所谓“三人行必有我师”用在这里也不算过分吧？

（6）拼旅行。

出去旅行对收入有限的才女们而言是一件奢侈的事情，出一趟远门就要提前好几个月开始存钱。而且不管是报团还是单独行动都有很多弊端，报团不仅贵而且玩不好，单独出行感觉不安全，而且车票、机票、酒店、路线、门票什么的都得操心，想想都麻烦。所以，不如找人一起吧，可以是你的熟人，也可以是网上认识的“驴友”，找那些和你时间路线相同的人一起出发吧。只要人数足够，各大景点还可以买到团体票，住酒店也一样，你又可以省了一大笔。而且还有人陪、有人玩，旅途不会觉得孤单和寂寞。不过，需要注意的是，在网上找“驴友”一定要小心，有可疑的，还是不要一同出行为好，以防遇到不必要的麻烦。

总之，“拼”是没有什么固定形式的，只要你能够想得到，你就能“拼”得起来，这是一种省钱的好方式，也是正在流行的时尚行为。想要跟上时尚的潮流，怎么能不去当一回“拼客”呢？再说最终的受益者可是你自己，为了省钱又有好生活，才女们，我们一起来“拼”了！

自己打造的“大牌”效果

“你看时尚杂志上那些明星、名模们‘大牌’加身的养眼造型，真是太惊艳了！唉，自己工作又这么累，收入又十分有限，那些贵得让人有些讨厌的大牌服饰生产厂家都是为她们那些明星、名模们专门生产衣服的。”

这种牢骚话，生活中我们经常可以听到。看着时尚杂志上那些明星、名模身上的“大牌”有谁不羡慕。为此，也只有再诅咒一下那些生产“大牌”服装的厂家为自己出一下气了。其实，才女们大可不必这么义愤填膺、

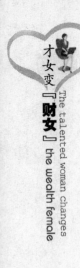

恼羞成怒，因为即使不穿名牌，你也可以通过每件单品的细心搭配，穿出名牌的效果。这就是近年开始流行起来的“混搭”风潮。

顾名思义，“混搭”就是混在一起搭配，指的是将不同材质、不同风格、不同价位的服饰按照个人喜好拼合在一起，搭配出完全个人化的风格。

刚毕业的赵娟平时没有多少钱去买那些名牌服装，她的衣服总是很便宜的普通衣服，但是，她特别注意衣服的搭配技巧，就是价格极其低廉的“地摊货”，她也能根据自己的身材搭配出迷人的效果。

修身的短款上衣配上A字裙，可以让她穿出欧洲大牌的感觉；便宜的春装搭上褶皱的围巾让她穿出迷人的艺术气质；宽松的上衣再配上紧身裤，让她立刻有欧美街头明星的感觉，就是一条普通的围巾她也能搭出明星味来……她的穿衣原则就是花最少的钱穿出最靓丽的自己。

周围的同事看到她每天将自己打扮得靓丽十足，都会围上去问她的衣服从哪里买来的，还真以为她身上的装束都是名牌装呢！

赵娟总能够穿得“星气”十足，并不是由于花了很多钱去买“大牌”，而是很注意普通衣服间的搭配。所以，才女们想用“小钱”去体验超值“靓丽”效果，还是赶快把你衣橱里的旧衣服都拿出来，进行合理地搭配，你照样是可以穿出“大牌”的效果来的。

不过有一点需要强调，那就是混搭不等于胡乱搭配，穿出美感才是最终的目的。这就要求大家在选购服装的时候多花些心思了，坚持以下原则，你就可以用“小钱”为自己买个“真美丽”来！

(1) 确定自己的穿衣风格。

穿衣要讲求“风格”，有“风格”才能穿出自己的“美丽”出来。如果没有自己的风格，再怎么昂贵和华丽的衣服穿到身上，也不能让你更有气质、更漂亮。

名星们之所以总是能引领潮流，也并不是因为她们的衣服件件都是名牌，而是她们的穿衣风格能让人眼前一亮，竞相效仿。至于自己的风格如何确立，那才女们就要从自身的喜好、气质、涵养方面入手了，穿出你自己的个性，这套衣服才可能是你自己的。

（2）经典款式不能少。

潮流变化没有尽头，但是无论潮流怎么变化，最基本的服饰是不会退出历史舞台的，而这些能经受得住潮流考验的基本服饰就是经典的款式。具备这种特质的服饰通常是设计简单、剪裁大方、做工精良的“骨灰级“款式，像白衬衣、及膝裙、宽腿裤等，这些经典款的衣服一般都不会过时，随时拿出来穿着上街也不会有人笑话你老土。想要推陈出新的话，只要在这些衣服上面加一些流行的配饰就能起到耳目一新的效果。

（3）根据身材、脸形、肤色、气质搭配。

很多衣服都是挑人的，与其让它来挑你，不如你来挑它，挑那些跟你相配的衣服，而不是跟模特相配的衣服。你的身材无论多好，跟那些橱窗里的模特都是有差距的，所以买衣服一定要试。了解自己适合的款式和色彩，根据自己的身材、脸型、肤色、气质挑选适合自己的衣服和配饰，才能让搭配出来的效果更完美。

了解这些基本的要素之后，不妨再从细节入手深入了解一下混搭的注意事项：

虽然是混搭，但是身上的颜色不要超过 3 种，否则会让你看起来会很累赘、也很雷人；

有一双好鞋比什么都重要，鞋子其实是所有服装配件中最重要的一部分，鞋穿不好，衣服再好也白搭；

四季都能穿的裙子也是必备之选，既然裙子是女人的专利，不穿就太浪费你的好气质了；

围巾的风情是无法抵挡的，一件普通的外套配上一条出彩的围巾会立即让你变得时尚起来；

DIY 或淘来的小饰品也必不可少，它能为你平庸的穿着增添不少亮

点……

既然是为了省钱，那么最重要的一点就是重新整理你的衣橱，如果你的衣橱里已经有的，不管再经典、再漂亮，都不要再去买了，买了就是浪费。在开始你的混搭行动之前，你要做的不是买新衣服，而是找旧衣服。如果你已经掌握了搭配的要领，那么你就会发现自己那些要淘汰的旧衣服突然之间都派上了用场，那么恭喜你，你的荷包又一次避免了被“洗劫”的命运。

穿的漂亮并不一定要破费很多，学会聪明的搭配方法，一样可以让你即使整年都穿旧衣服，也能365日天天都有新气象。

聪明才女的减肥秘诀

“为了瘦身我都到美体中心办了好几张瘦身卡了，唉，钱花了不少，但还是没能瘦下来……”

生活中经常能听得到那些想瘦身的才女们这样抱怨。爱美之心人皆有之，拥有纤细、苗条的身材是每个女人的梦想，于是，那些想瘦下来的才女们就不惜花“重金”办健身卡、瘦身卡，喝减肥茶或服用减肥胶囊，或是吃咀嚼片，或是去俱乐部健身游泳，过一段时间去称体重，还是一点儿没瘦下来。唉，浪费了时间不说，还白白砸进去了许多冤枉钱，想想确实不划算。

才女们其实大可不必去为减肥砸进去那么多的钱，既可以瘦身又可以省钱的方法也是有的，听听小美的减肥心得吧！

“我是从10岁左右就开始胖的，我身边的朋友都叫我小胖。中间在妈妈的督促下我也减过肥，从健身运动，到瘦身俱乐部，从买减肥茶到吃减肥胶囊，花了大量的银子，却没有见效。后来，大学毕业参加工作了，我的体重还是没能减下去，看到那些苗条的同事打扮得十分入时，我有些自卑。于是，另一次减肥计划又开始了。

“以前都是父母帮我办健身卡，为我买减肥茶，现在该自己掏腰包了，但是每个月的月薪就那么一点儿，如果再像以前那样去办瘦身卡，买减肥茶喝，我可能就有些吃不消了。一次，偶尔听朋友说到好几种DIY减肥法，很是受用，于是，就向朋友讨来了‘秘方’，每天坚持喝柠檬水、山楂汤、再加上自制的营养食谱，在保证基本营养的前提下控制饮食。同时，每天还坚持适量的体力运动与居家有氧运动，经过两个月的努力，体重明显减轻了不少，我又坚持了两个月，真的变瘦了好多，以前的衣服都宽松了好多，没想到自制减肥法不仅让我少花了一大笔银子，而且还起到了神奇的效果！”

听了小美的心得，才女们是否也心动了呢？小美用自制减肥法不仅让自己瘦了下来，而且也省了不少钱，想减肥的才女们赶快行动吧。下面是几种DIY减肥法宝，才女们千万不可错过噢！

小法宝一：调用减肥茶。

商店的减肥茶看似不起眼，却是让荷包消瘦的罪魁祸首之一。下面的几种自制茶水也可以达到减肥的目的：

（1）决明子，加入热水冲泡：减肥茶的主要成分就是明决子，那么，聪明的才女们可以去买些明决子来取代减肥茶，加入热水冲泡。

（2）薏仁10克、山楂5克、鲜荷叶5克，混在一起用热水煮开。

也许你并不很胖，但却总是觉得自己肿肿的，如果这只是单纯的水分滞留所导致，那这款美白薏仁茶，不仅可以帮你去除去体内多余水分，还有美白的功效噢！另外，山楂有消脂的功效，还可以帮你排泄体内废物，减肥效果也极佳。

(3) 等比例马鞭草、柠檬草，加入热水冲泡。

马鞭草有净化肠胃、消脂瘦身之效果，柠檬草有健胃、利尿之效，它可以分解臀部及大腿脂肪，这款减肥茶对那些想瘦下半身的才女们有一定的功效。

小法宝二：醋泡特制小胶囊。

吃减肥胶囊也是女性朋友减肥的方法之一，但是各种减肥胶囊的价格很昂贵。其实，醋泡黄豆这样的“醋泡胶囊”是完全可以代替减肥胶囊的，这样不仅可以瘦身，最重要的是，就算买最好的醋和黄豆，一个月也花不了几块钱，可以说是既经济又实惠，那么聪明的才女又何乐而不为呢？

小法宝三：新鲜水果营养高。

很多女性喜欢用节食方式减肥，为了控制饥饿就去买一些高价的咀嚼片去填胃，这样使才女们因补充不到基本的营养而使身体出现不适。所以，才女们可以用一个番茄，一根黄瓜，甚至一根胡萝卜来代替咀嚼片，不仅价格便宜，还有丰富的营养。

小法宝四：运动减肥身体好。

去俱乐部健身、游泳馆游泳，看似不错的瘦身方式却要花费大把的钞票，其实，只要多多锻炼就能保持身材。“早睡早起身体好”是小孩子都会说的话，女人们自然也懂得其中的奥妙。晨练、慢跑或者骑车，这些都是很好的有氧运动。如果离工作地点近，还可以步行上班，既瘦身又省钱，一举两得。

小法宝五：旋揉脐周减肥法与环摸按摩减肥法。

旋揉脐周减肥法：你只需坐着或躺着，按摩者右手四指并拢，指面放在肚脐上适当地用力向下压，左右各旋转，每次揉10下左右。

环摸按摩减肥法：伸开右手掌开始从心口窝开始向下摸，经左肋下，向下到小腹，然后再向上经右肋下回摸到原处。如此环摸36圈左右，然后再伸开左手，以同样的手法再向相反的方向环摸36圈。

这种方法较简便，才女们可以晚上睡觉前或者看电视的时候进行，不断地搓揉腹部，可以刺激神经末梢，使皮肤以及皮下脂肪的毛细血管开放，加快新陈代谢，促使皮肤组织将废物排出，进而有效地减少体内脂肪。

上述几种瘦身方法既可以达到瘦身的目的，又可以省钱，才女们可以尝试一下噢！

DIY护肤胜过奢侈化妆品

“桌上怎么到处都堆满了瓶瓶罐罐的化妆品？你用得完吗，真浪费！”

“唉呀！现在都到冬天了，以前的都是夏天、秋天用的，哪儿有浪费嘛！”

生活中，时常能听到丈夫这样的埋怨声。看到桌子上到处堆满了化妆品，不禁会埋怨妻子浪费。呵呵，毫不夸张地说，脸部是才女们投资最多，也是最花费心力的一部分。为了让它青春常驻、光彩照人，才女们可没少在脸面上下工夫。即便是平时对护肤工作最懈怠的女人桌上，恐怕也是摆满了瓶瓶罐罐的。

是呀，有了那么多，为什么还源源不断地往回买呢？才女们有自己的理由：要换季了、发现更好用的东西了、原来的牌子不好用了、同事推荐、优惠促销、皮肤出现新状况……总之，不知不觉中，你的梳妆台已经被化妆品淹没了，还要辛苦你每天从化妆品的海洋中找出自己最常用的，真是有点儿辛苦了。辛苦点儿也就算了，关键是花了那么多钱买回这么多没用的东西，你亏不亏？其实，也不是没有想过要“省”着点儿，可是不省都已经让脆弱的肌肤状况百出了，要是省的话，这张脸还能要吗？当然能！

晓雯刚毕业的时候薪水不高，当时皮肤还算一般，因为没钱，所以几乎没用过什么化妆品。但是，看到周围同事光洁的面孔，晓雯心中也会羡慕。两年后，她的薪水涨了，手头也有些活钱了，她就开始疯狂地逛名牌化妆品专柜，SKII面膜、欧莱雅日霜、郝莲娜眼霜、倩碧黄油、贝佳斯绿泥、牛尔红酒面膜和原液、日产雪肌精等等，总之一看到自己喜欢的产品，就会迫不及待地购买，当时，她的收入的三分之一都用在买化妆品上面了，但是皮肤反而没之前好了。

她如今已经30出头了，脸上的痘痘还对她不离不弃。同时，皮肤也从原来的中性偏油变成了干燥敏感的大油田，让她更闹心了。后来，在一次聚会晓雯意外地见到了她以前的同学，皮肤特好，同学也是30多岁的人了，以前皮肤也经常会有痘痘出现，而现在她脸上痘印都没一个，还水润润的。晓雯一问她才知晓这位同学从来没买过护肤品，用的大都是自制的护肤品，效果很好。于是，向她讨来方法，都是极简单的方法，但是效果要比以前用名牌化妆品时的效果要好呢。两个月下来，确实为晓雯节省了许多美容费用！

其实，商店中那些奢侈的化妆品并不见得有什么神奇功效，并不见得适合你，为了省钱，为了达到良好的美容效果，还是尝试一下自制的美容妙方吧！

法宝一：常喝茶，保你容颜不老。

绿茶不仅有防癌、防心血管等疾病的效果，而且茶中所含的咖啡因，可降低血脂含量，使血管舒张，从而加速血液循环，可以缓解才女因气血不畅引起的肤色黯淡以及脸上恼人的斑点。

法宝二：常用醋，细心照料皮肤。

白醋可以促进人体微血管扩张，使人体的血液循环变佳，所以，每日喝少许白醋，肤色自然就会变得好看许多。

法宝三：盐亮肤的美容法。

海盐中有较丰富的的矿物质含量，所以，矿物盐与海盐多被拿来制成浴盐，所以才女们可以用之搓揉除去脸上的角质层。同时，用盐可以达到彻底清洁脸部的作用，可以去掉毛孔中积聚的油脂、粉刺，甚至“黑头”。

另外，将食盐加蛋清用来敷脸，做面膜，可以达到美白的效果。

法宝四：米糠美白有奇功。

将米糠磨成粉用在脸上可以起到控油的作用，上妆前可以使用。另外，米糠不仅能滋润美白皮肤，还能有效抑制黑色素形成，才女们可以尝试一下，效果十分不错噢！

法宝五：糖，保湿滋润最有效。

其实在保养皮肤方面，保湿是十分重要的，而糖则具有非常好的保湿功效。我们常听到的保湿成分“玻尿酸”“黏多醣体”都属于糖的大家族之一哦！

另外，蜂蜜可算得上是糖的近亲了，它除了含有高单位的葡萄糖外，还含有多种维生素、矿物质等，是非常棒的保湿成分，才女们可以用它来敷面，达到保湿的效果。

法宝六：茶叶美目法。

将茶叶冲泡后再挤干，然后放到布袋里。闭上眼睛，把茶袋放到眼睛上10分钟左右。用这个方法不仅可以缓解眼睛疲劳，改善黑眼圈，还可以治疗眼部炎症，效果好，而且也十分实惠！才女们赶快去试试吧。

好啦，想要美丽又要省钱，用以上的几种美容法，这个目标其实就不难达到。有了DIY美容法，才女们完全可以不用再买那些奢侈的化妆品了。

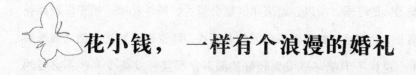

花小钱，一样有个浪漫的婚礼

“噢，现在结结婚比几年前的价格翻了一番还要多，婚服、婚纱、婚

车、婚宴……杂七杂八的下来，至少要10万元左右，结婚的成本是越来越高了！”

与同事聊起结婚的费用，齐琼感慨不已。是的，随着婚姻消费额度的不断攀升，婚姻消费已经成为时下青年男女的一项沉重负担，动辄数10万的消费，毕竟不是谁都能够轻松应对的。眼看着结婚费用水涨船高，才女们不禁心疼起来，毕竟花的都是自己辛苦赚来的钱，瞧，两个月后就要做新娘的玉红正在如何减轻婚礼花费犯愁呢！

“老公的婚服2500元；婚纱照花费6800元；租用婚车12辆12000元；婚宴40桌，以每桌12人的规格来订，总费用42000元；烟酒费用25000元；租用婚纱、请婚礼司仪等费用共为2000元；总计费用大致近10万元了。这么大的开销，我和老公两年的辛劳费全部没了，看看哪一样都不能再减了，一辈子只有这么一次，办得不体面，心里又会不舒服，唉，如何是好呢？”

玉红的婚礼费用确实是一笔不小的开销，许多正在打算结婚的才女可能也要面对和玉红同样的难题：如何才能在想省钱的情况下又能将婚礼办得体面呢？

其实也并不难，以下的几个点子，才女们可以参考。

(1)“季节”式省钱：婚礼不妨选淡季。

大多数新人喜欢把婚期安排在“五一”、“十一”、元旦、春节前后。此时是婚庆的旺季，所以，婚庆用的宴会场地、婚纱礼服、婚车以及捧花的价格会随之飙涨。如果你不想因此多花钱，建议你不妨选在结婚淡季举办婚礼，这样不但能够享受到较好的服务，而且可以减少一些不必要的开销。

(2)“一站式”婚礼省钱：全权委托婚庆公司。

找一家可靠负责的婚庆公司，从婚照、婚宴、租婚车、礼服等，要求提供一站式服务，可以为自己节省不少的金钱和时间、精力呢。因为如今的婚庆公司很多，同台竞争可以压缩不少报价。

(3)“时差”式省钱：喜宴不妨也来早午餐。

婚宴可算得上是婚礼的一大消费了，如果没有特别的原因，不妨将宴席订在早上。这听起来似乎有点不可思议，因为按照习俗，喜宴通常是在晚上开席。但是，若你们的长辈亲友够开明，愿意接受西式宴请方式的话，那么不妨开一个美丽的早餐派对，这绝对要比晚宴来得实惠，因为许多人在早上和中午是不会喝太多酒和饮料的，所以仅是酒水费就可以节省很多。

(4)“异地”式省钱：蜜月旅行兼拍婚纱照。

婚纱照与蜜月旅游也是一大开销，才女不妨与自己的另一半商量可以把婚纱照和蜜月旅游放在同一时间，这样不仅省心省力，而且同等质量的一套婚纱照，异地拍摄少说也能省去30%。

(5)“常规性”省钱：紧缩银根，能省就省。

如果以上几种方法对你来说都行不通，你也可以采用常规的省钱办法：

婚纱摄影是结婚的大项目，费用建议控制在2000～4000元左右，才女们可以要求影楼省去一些赠品费用，在现金花费上争取到最低。比如，在影楼中婚纱出租价格一般在200～800元，而才女们则可以到市场上买婚纱，其价也不过100～300元，新郎的西装可选择在打折季节购买，所以，才女们可以和影楼商谈免去这部分费用。

(6)与别人“拼婚”：集体婚礼，享受更多优惠。

看到这个字眼可别误会，这可不是指集体同居的意思。“拼婚”就是指众人可以举行集体结婚，也可以是集体拍结婚照、一起买家具、一起订酒店、一起租婚车，总之就是要获得单独行动不可能有的优惠和折扣。正在筹备自己人生大事的才女不妨到网上联系一下，可以为你节省不少费用呢。

另外，在婚宴方面，建议选择一些新建的主题餐厅，在那里不仅环境

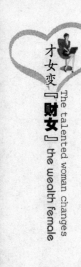

优美，而且还可以节省一笔开支。如果你要选择五星级酒店举办婚礼的话，你根本无法在饭菜与酒水上打折扣。

其实，无论酒水还是装饰物，对婚礼上需求量较大的物品，才女们不妨可事先到大型的正规批发市场去购买，会比商场便宜许多，而且到一定的数量还可以打折。如果你去发型设计室做头发，要比将发型师请到家里来得更为实惠，在化妆师为你化妆的时候，可以让你的伴娘在旁边帮你补妆，也可以省去一些费用。

实际上，诸如此类的节省结婚花费的方法还有很多。只要你留意，一样也是可以在节省的同时拥有一个浪漫的婚礼的，才女们在举办婚礼之前可要仔细地一样样盘算清楚噢！

第十五章

小才女的省钱术

生财，无非就是要“开源节流”，在自己“开源”有难度的情况下，那就应该在“节流”上多下下工夫了。要“节流”无非就是去省钱，但是省钱并不是一味地让你去过清贫的日子，而是让你学会抓住生活中点点滴滴的财富。

截住从指缝间溜掉的钱

“你乘公交车不是也可以准时到达单位吗，干吗要打的花那冤枉钱？……这些开支能省还是要省的，这个月又多出了来了许多开支！”

老公又向李琦抱怨说道，他常交代李琦：“除非有急事，最好少‘打的’，这些在指缝间的费用弹性是比较大的，稍不留神就是一笔大数目，紧一点儿每个月可以省下不少钱呢。”

在平时的生活中，像李琦这样的才女有不少：能在家吃的早餐非要到外面去吃；每天不逛商场、超市心里就痒痒，买回来一堆永远也不用到的“废品”来；换洗的衣服从来不会去检查口袋里是否有零用钱就送到干洗店；家里的零用钱也是随便乱扔……这些可有可无的开支，这些随手可以“捡”到的财富，却白白地从你的指缝间溜掉。到月底算账的时候，只有

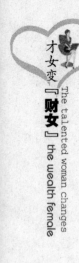

空叹：如今的钱怎么这么不经花了呢？我什么都没做，钱到哪里去了呢？

丽林晚上1：00点醒来，再也睡不着了。穿衣、开门……在家上网无聊，去网吧坐会儿吧！但是偏偏不巧，上苍正在“掉眼泪”，随手向对面的出租车挥挥手曰：“网吧！”……抱着自己喜欢的零食随便地找了一个位置，通宵达旦……次日早晨，顶着一对熊猫眼去逛街，巧，商场正在打折，买200送“大礼”——太划算了！……提着大包小包，往街对面招招手，“的哥”麻利儿地将车开过来。刚到家，肚子开始唱“空城计”。瞄了一眼厨房，昨天吃过的碗筷还在那里躺着休息呢！唉，算了，懒得动了，叫外卖吧！电话接通，说了地址。10分钟后，门铃响起，开门，随手将钱递过去，大叔将手伸过来，笑嘻嘻地说：“小妹，送来还要另计费！”又递过去一张：“算了，不用找了吧！”……

眼看着，发工资的日期还早着呢，可口袋里所剩不多了呀！老天呀，我的钱到底花到哪儿了。于是，早早地上床做起了“白日梦”要是我家是开银行的或是印钞票的该有多好呀！

去泡网吧、打的、逛商场、叫外卖，丽林的钱就是这样被这些可有可无的消费吸干的，她其实也没做什么事情，但钱确实是没了。才女们是否也有过类似的经历呢？你的钱是否也是这样悄悄地从你的指缝间溜走的呢？

快清醒一下吧，当你知道钱的去向后，就应该打起精神来将这些散钱的缝隙堵住，具体还是先从以下几点开始做起。

（1）建立月消费账本。

建议才女要建立消费账本，对自己每个月的收入和支出情况进行详细的记录，让自己清楚钱到底流向了何处。然后再对开销情况进行分析，看看哪些是必不可少的开支，哪些是可有可无的开支，哪些是不该有的开支，然后逐月减少“可有可无”以及“不该有”的消费。

（2）注意小开销形成大支出。

大多数才女的消费习惯大都是在购物的时候养成的，除了要抑制自己的购物冲动外，还要从细节方面下手。一般情况下，超市上包好的食物、包装过的蔬菜的出售价格，一定比自由市场上的散装食物和蔬菜贵，这些没有必要去超市购买。还有一些超市的购物袋是收费的，去超市的时候可以携带购物袋，不但能够减少塑料袋造成的“白色污染”，长此以往也能节省出不少钱来。

（3）大批合购商品，享受批发价格。

批发价总是比零售价便宜，如果家庭用品能够直接进行批发，那么将会省下很多钱。可是，有些时令性的物品，比如水果、蔬菜等一次购买太多就会腐烂，反而造成浪费。那么，怎样真正享受到批发价呢？你可以同你的同事或同学或邻居联合起来，大批买进日用品，就可以享受批发价格。不要小看批发差价，一个月下来，省下几十元是常有的事。

（4）不要购买反季的蔬菜水果。

购买时令的蔬菜、水果是最简单的省钱办法。夏天的水果，永远是夏天里最好吃、最便宜。如果是人工通过大棚种植出来的蔬菜、水果，不但价格要贵1~2倍，而且很多产品使用过激素。

此外，在日常生活中，还要注意以下开支，同时，才女们也要及时地提醒家庭成员，也能够节省下开支来：

（1）减少逛商场、超市的次数，这样可以省下一些可花可不花的钱。

（2）能在家吃早餐，就不要在外面吃早餐。只要早起半小时，你和丈夫、孩子三口都在家吃早餐，一个月下来，就能减少开支100元左右。

（3）尽量不买已经加工好的食品，因为这些食品中包含了工厂利税和商家利税，最好自己动手制作美味的食物。

（4）选择适当的时机购买物品。在新的一代电子产品问世时，购买上一代降价的产品，功能相差无几，还能讨到大便宜。

（5）每天早晨5点左右到早市去买菜，这时的菜价是当天最便宜的。

（6）依照购物清单购物，不要随心所欲地购买，哪怕是降价的商品。

(7) 坚持做好家庭收支表，每月检查一次哪些是不该花的，哪些是可压缩的。

(8) 烟酒的开销在家庭消费中占相当大的比例，许多家庭此项的开支，占家庭日常开支的20%~30%。这既浪费钱，又对健康不利，最好能够让丈夫将烟酒戒掉。

(9) 在平时交通工具的使用上，除非有急事，最好少“打的”，在这方面，费用的弹性是较大的，大手大脚就是一笔大数目，紧一点就可以省下不少钱。

(10) 把零钱收拾妥当。大家在换衣服、洗衣服或是收拾屋子的时候，可能都会收拾出一些零钱来，不妨给它们来一个专门存放的空间，然后每月清点一次，定会给你带来不少惊喜。如不嫌麻烦，再悉数存进银行，在不知不觉中就能积累不少的钱。

(11) 节省孩子的零用钱。家庭日常开支中，最有潜力可挖的是子女的零用钱。因此，要在这方面想办法，做到有计划、有节制。

只要坚持按照这几方面去做，才女们就不用再悲叹自己的钱花得没着落了，堵住了漏钱的缝隙，也就是拾得了聚宝盆，才女们要努力哦！

点点滴滴都是“财”

“把家里的座机电话停了吧？有手机、有宽带，再加上座机，一个月的电话费得多少呀？”

“是有点多了哦。要不就停了吧，每个月的话费确实是多了点！”

听到老公的建议，张楠就打算把家里的固话停了，点点滴滴都是“财”，节省出来的话费就是自己赚到的了。家里的每一件物品都是用钱换来的，你只有不放过每一个小细节，才能最大限度地从自己手中赚取“利润”来。所以，在点滴的现实生活中才女们千万不要放过任何一个让自己“省”的机会才是。

为了节省水费，李淼就在家里的洗手池上放个小脸盆，接着流下来的水，然后直接用洗手的水冲厕所；在马桶的抽水桶里放个可乐瓶子，每次抽水的时候可以节省水；她从不在冰箱上放过重的东西，免得增加耗电量；夏天家里热了，她把空调控制在26℃，有时候一个人的时候只是开风扇；开车的时候，她也会选择合适的速度，是为了省油；趁移动搞活动的时候她去充话费，充50送50比平时充划算多了，如果没活动的时候她就去淘宝或者易趣等电子商务网站上去购买，可以比在外面买便宜几块钱呢……

看似这些细节每天能够省下来的确实也不多，但是如果长年累月，也的确给李淼节省不少钱呢。为了节省下积少成多的财富，才女们赶快行动吧，抓住生活中的每一个细节，能省则省吧！

“省”细节一：省水。

（1）关好水龙头。有一个公益广告讲，如果我们每天刷牙的时候不关水龙头，一年下来浪费的水加起来大约可以装满109个浴缸，109浴缸水算下来也有几十块钱呢，因为我们的一个小动作，浪费掉多少资源和钱财是可想而知了。所以，才女们不要觉得它少而不重视，在你刷牙、擦肥皂、洗碗的时候请随手关好水龙头。

（2）一水多用。淘米水可以用来洗菜、洗脸、洗头——别怀疑，这是真的。用淘米水洗菜可以有效去除表面残留的农药，用淘米水洗脸可以美白淡斑，洗头可以去屑、防脱、乌发。洗菜水可用来浇花、冲厕所，洗衣水、洗脸水可以拿来冲厕所、拖地……既环保又健康，还省钱，一水多用何乐而不为呢？

（3）减少用水量。用洗衣机洗衣服时水位不要定得太高，一般以刚淹没衣物为宜，多了不仅费水而且费电、费洗衣粉；将抽水马桶水箱的浮球下调整2厘米，每次冲厕所可节约大约3升水，如果按每天使用4次计算，一年就能节约4380升，如果将它们合算成钱的话，也是一个不小的数字哦！

“省”细节二：省电。

（1）随手关灯。这是从小教师就教我们应养成的好习惯，但是也许你并没有做到，那么就从今天开始行动吧。

（2）换节能灯。节能灯不仅节约用电量，而且能降低温室气体排放量，为防止全球变暖做贡献。

（3）拔掉不用的插头。包括暂时不用的充电器、转换器和插座。不要以为你不用它就不费电，全球每年因为它浪费的电量相当于200座百万千瓦火力发电站的发电量，很惊人吧？

（4）正确使用家用电器。

空调制冷的温度提倡设定在26～28℃，太低了费电又不利于健康，眼看着空调病越来越猖狂，如果不那么热的话还是忍一下吧；冰箱的冷藏室温度宜设在5℃，冷冻室宜设在－6℃，这样会使冰箱处于最佳工作状态，也最省电。

“省”细节三：省气。

（1）炒菜。菜下锅时用大火，快熟时用小火，盛菜时关到最小，下一道菜下锅时再调大，不仅省气，而且还减少空烧造成的油烟污染。

（2）熬汤、煮粥。先把食物煮沸，然后再用小火慢炖，保持微沸即可。

（3）蒸东西。蒸锅里的水不要放太多，要先用小火让水升温，之后再开大火烧，这样做既节约用水又最大限度地节约了煤气，一举两得。当然啦，也不能太少了，否则烧干了锅可就不划算了。

（4）选炊具。直径较大的炊具会相对减少热量的散失，自然也就起到了节气的作用。

“省”细节四：省油。

（1）炒菜用油。炒菜并不是油越多就会越好吃，油多了反而会腻，而且还会加速脂肪的增长，就是为你的健康着想，还是节约一点儿比较好。每次炸完鱼虾都会剩下很多油，扔了可惜，直接用来炒菜又太腥，怎么办？不如用它来烧茄子吧。这些油在炸过一次茄子后就会重新变得清爽可以再次用来炒菜，而且炸过的茄子因为吸收了鱼虾味也会变得格外的好吃。

（2）汽车节油。轮胎气压要正确，气太少或太足都会增加耗油量；保养好你的引擎，引擎出现问题效率就会降低，耗油也就可想而知了；出行前，先想好路程再上路，少走冤枉路自然就省油了；发动机油黏度要低，黏度越低发动引擎就越省力，自然也就越省油。

“省“细节五：省工具。

工具的更新速度跟你支付更新费用的速度是成正比的，但是如果我们懂得合理利用，那么它的利用率和使用寿命都是会增加的。比如一把新扫帚，可以先在比较干净的室内使用，等到用旧了便可以拿来打扫院子和楼梯；一张纸如果两面都用就会比只使用一面环保得多，据统计：1吨废纸=800千克再生纸=17棵大树，为了那些可爱的大树请使用再生纸吧。

“省”细节六：卖废品。

这次不用省了，而是将省下来的卖出去。平时注意收集废纸废品，既能避免将还能回收利用的东西当成垃圾丢掉，还能为自己攒到一点儿零花钱，够你几天的菜钱呢！而且，废塑料可以还原为再生塑料，而编织袋、废餐盒、食品袋、软包装盒等都可以回收提炼为燃油：1吨废塑料=600千克汽油，你的小精明也能为能源再生带来大贡献。

才女千万不要认为这样太斤斤计较、太小气、太算计，虽然这点水钱、电钱、煤气钱对你来说也许不算什么，但是积少成多，一年下来也是一笔不小的财富。如果再上升到环保层面，能为人类共同的利益来考量不也是很值得的吗？你也许过惯那种不拘小节、大大咧咧的生活了，可以即便你再怎么大方，再怎么豪迈也不要拿我们珍贵的资源去挥霍，你说是不是？

合理避税是省钱的绝招

"这个月的个税又被扣了不少呢？本来工资就那么点儿，还扣个性，那点钱可是我几天的饭钱呢！"

刚发完工资的张玲就向同事抱怨道。这是白领才女每个月可能都会遇到的问题，每个月薪水也就那么点儿，再扣个税，真是一点小小的损失呢。有没有解决的办法呢？

张阅是一家大型文化公司的企划经理，每个月到手的工资再加上奖金一般都在12000元左右，就是缴纳公积金和养老保险后还剩下10000元，她每个月要缴纳的个人所得税为1300元，这对她来说也算是一笔数额不小的"损失"了，为此，她想出了一个办法，就是她直接找到公司财务经理，每个月申请多缴纳一些住房公积金，因为公积金是不用交税的，这样她就做到了合理的避税方式，而且她也打算近期买房，这笔钱刚好也可以用得上。

对于与张阅一样的工薪白领才女来说，每个月的个税确实是一笔不少的开支，也是她们一直烦恼的问题。虽然纳税光荣，但是如果能够像张阅那样合理地利用公积金去避税岂不可以给自已节省出来一部分开支？

现在，由于国家政策，主要指产业政策、就业政策、劳动政策等的导向作用，我国现行的税务法律法规中有不少税收方面的优惠政策，作为一个纳税人，如果能够充分地掌握这些政策，就可以在税收方面合理合法避税，提高自己的实际收入。也许有些才女会说，除了公积金可以避税外，还有哪些方式能够避税呢？对此，专业人士给大家总结出了两种有效的避税方法——收入避税和投资避税。

收入避税顾名思义就是指针对自己的收入情况，对其进行巧妙合理地分解，降低纳积征收点而达到合理避税的目的，从而提高自己实际收入的一种方法。这种方法除了公积金避税法外，还有一种就是分摊收入总额法。在我国个人所得税的征收是用九级累进税率计算的，纳税人的所得越多，其缴纳的税费相应也就会越高。因此，在一定时期内纳税人收入总额不变的情况下，将其收入合理地分摊到各月之中，这样就可以减少个人所得税的缴纳了。

刚从学校毕业的吴莉，在一个小城市中工作，月薪差不多为1800元，而我国个税是以个人收入在2000元以上才征收，所以吴莉每个月就不用缴纳个税了。但是公司为她设有季度奖金500元，年终奖金2000元。这样算下来，她年终就要交纳220元的个税。220元虽然不多，但是对于收入不多的吴莉来说，她也并不情愿交纳。所以，她建议公司将她的年终奖分摊到月薪中，这样她的月薪就变为2133元，每月只需交纳6.65元个税，一年交纳79.8元的个税就可以啦！

当然了，对于她这种低收入者来说，节省的不多，但是，对于那种高收入人群可能就是一种十分有效的省钱方法了。

另外一种避税方法就是投资避税，纳税人可以利用我国对个人投资产品的各种优惠政策进行合理的避税，目前可行的有通过投资国债、教育储蓄和保险产品等来避税。

首先，投资“金边债券”。

国债一直被誉为“金边债券”，它既是众多投资者青睐的投资产品，也是一种切实可行的比较巧妙的避税方法。根据《个人所得税法》规定，

个人投资国债和特种金融债所得利息免征个人所得税。

其次，投资教育储蓄。

李然的儿子顺利考入了市里的重点中学，她与丈夫商量要为孩子攒上大学的学费。李然的朋友给她出了一个主意，如果为孩子买教育储蓄品种，可以免除利息所得税。李然随后便拿出5万元到银行为儿子办理了4年期的教育储蓄，等到3年后儿子上大学时，这笔教育储蓄存款就可以解决孩子4年的学费了，而且不交任何利息税。

最后，投资保险，节流税款。

目前，我国尚没有税法规定保险收益也要扣税。因此，对于想投资的女性说，合理地购买保险计划是个不错的节流税款的选择，这样既可得到所需的保障，又可合理避税。

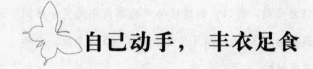

自己动手，丰衣足食

“自己动手，一个月至少可以省下来85元的洗车费，还可以省下来两个月一次的打蜡费用60元，再加上平时自己更换机油，省下工时费用等开支，一个月至少可以节省150元的养车开支！以后的洗车任务就交给你了老公！”

热衷于DIY的陈琳给老公算了这样一笔账，让老公承担洗车任务。洗车本不是难事，自己动手的话，每个月能省下来几百元的开支，还是自己来吧。正所谓“自己动手，丰衣足食”，这是老一辈留给我们的光荣传统，我们也不能随便丢弃。再说，DIY 不仅可以为自己节省开支，还可以锻炼身体，挖掘自己的才能。

天气热了，冬季和保温饰品包括家里的床单、窗帘、地毯、还有厚厚的沙发套等都要换下来了，可怎么去护理和清洗呢？难不成这么多东西都要送到清洗店去，不说其他的，就这么大的地毯去清洗店以每平米最低的价位30元来计算的话，也是一笔挺大的开销了。再说，到清洗店清洗的周期也比较长，至少要8~10天。

薛霞就开始以一小块地毯做试验，开始了自己的快捷清洗地毯妙方，果真，她发现了一种好的清洗方法。先吸尘，再喷用一些地毯清洁剂，接着再用软刷刷一遍，然后再用湿毛巾去吸附小颗粒尘土，最后用另一块净毛巾重新再擦洗一遍。这样虽然工序有点多，但是也用不了多长时间，而且会使地毯变得更为干净，同时也为自己节省了一大笔费用。

后来，邻居们都向她来讨教地毯清洗方法呢，如果不自己动手，她还真不能发掘自己这方面的才能。

自己动手，不仅为薛霞节省了一大笔费用，还让她发掘了自己清洗地毯的才能，以后年年都可以这样节省了。自己动手的好处就有这么多，心灵手巧、慧质兰心的才女们应该尽早地行动起来，将自己的潜能发掘出来，让一双巧手为自己创造出温馨、浪漫又省钱的优质生活。

好啦，下面就赶快来尝试着亲手为自己做点日常吃的和用的吧！

(1) 自制午餐＝经济＋卫生＋营养

“吃饭问题”是人生一大难题，难的倒不是怎么吃，而是吃什么？你是否有过这样的经历：工作了一上午，每到中午就开始为中午吃什么发愁——吃什么？去哪儿吃？盒饭、盖饭、蛋炒饭？犯愁半天后，去餐馆再等半天，吃完不舒服又半天。总之，工作餐难吃，外卖要等，快餐不快，下馆子太贵，再说就算以上情况都不存在，吃久了也会腻啊！所以，现在的

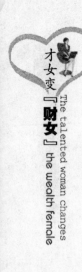

很多白领都开始自己带午餐上班了。

自己带饭的第一个好处就是它肯定比买的省钱，吃饭的成本降低了，你每个月的盈余自然就会增加；其次，能够保证卫生，外卖的制作流程你看不到，但是你自己做的应该很清楚吧，所以不必担心菜没洗净或者吃出虫子；再次，自带的饭菜有营养。科学的营养配比也许你还没有办法达到，但是每天都能保证自己吃上蔬菜却是肯定的，而且你还可以选择几种蔬菜一起炒保证营养的均衡；最后，它应该很美味，因为是你自己做的，自己口味当然自己应该最了解，就算炒菜技术很烂，你自己做的你还能挑剔谁去？

（2）自制果汁＝健康＋天然＋随性

果汁饮料越来越流行，不用举例，只要看看电视上有多少种果汁的广告就能证明了。打着健康、天然、美味旗号的果汁饮料有多贵想必你也见识过，但是究竟是不是贵的就好，那就不好说了。色素、防腐剂、甜味素什么的肯定都是含有的，只是含量多少的问题。倒不如直接啃水果来得健康。如果实在想喝果汁，那就买个榨汁机自己榨吧，保证真材实料、无任何添加剂，而且想要喝什么大可以随意搭配，想要哪种口味都没问题！当然，榨汁机不用买那种功能很多又很贵的。如果你只是想榨个果汁或豆浆的话，那些附加的功能就都只是摆设而已，对你没有任何用处，聪明的你自然不会为没用的东西埋单吧！

（3）手工布艺＝别致＋舒适＋创意

布艺家具、布艺玩偶、布艺装饰，总是给人舒适、温馨又别致的感觉，每次逛家居商店都有想要买回来的冲动？冷静，冷静，千万别冲动！其实这些东西你自己完全可以做出来的，只要你用心观察、多多学习，你一样可以做出比商场里那些很贵的布艺商品更加有创意的小物件。而且制作原料不一定非得是特别买来的，完全可以从你不用的旧衣服、旧床单、旧布料中取材，保证新颖又独特，而且还省了原料钱。

当然这些只适用于手指灵巧的才女，如果连针线都不知道怎么拿，这项伟大的工程看来是完全不适合你的。但是你也不用完全灰心，去找身边那些会做的“蹭”一些来好了，相信如此贤惠的美女，耳根子一定也是软的，尽管用你的三寸不烂之舌说些甜言蜜语就好了。

（4）时尚配件＝百搭＋潮流＋独特

一条晶莹剔透的水晶项链、一副个性十足的吊坠耳环、一件手绘的超大T恤、一个纯粹民族风的手工包包……你“招摇过市”的每一件时尚单品都可以出自自己的一双巧手，而这些让你看起来气质非凡的时尚配件，只不过在小商品市场花了你十几块钱的材料费。而且这些配饰不一定越多越好，换一个地方、换一套衣服、换一种戴法就又会出现不同的风情。一样的东西，百搭的效果，既是潮流所趋，又不会雷同或落俗套，我们的独特魅力就是这样炼成的。

当别人问你：“这是从哪儿买的？”你骄傲地回答：“自己做的！”然后尽情地迎接别人诧异和崇拜的目光，是不是心里已经High到不行了？